図解

機械設計手ほどき帖

渡辺康博＝著

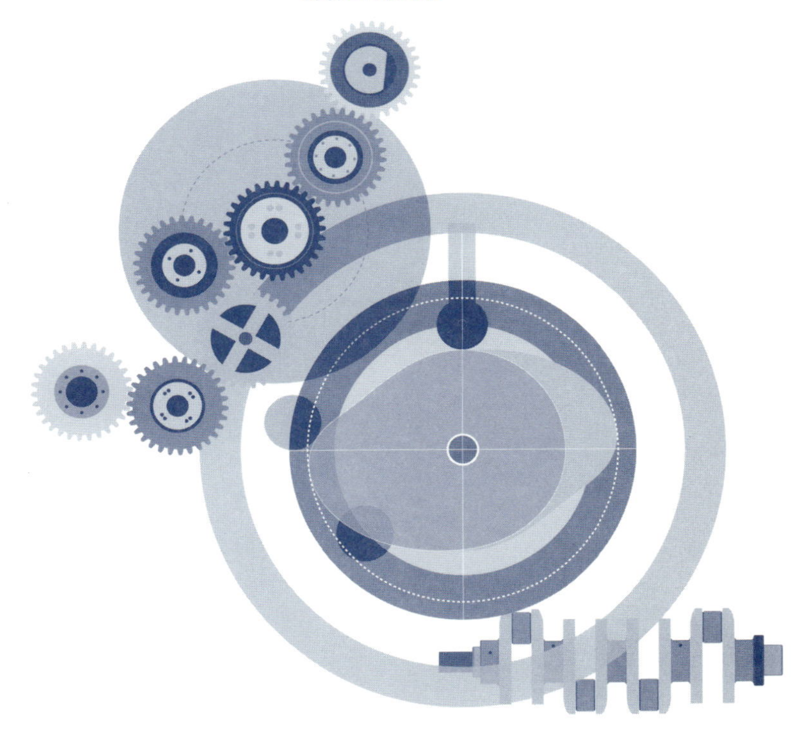

日刊工業新聞社

はじめに

本書は、これから機械設計を始める若手技術者にまず最初に読んでいただくために書かれた本です。

学校で機械工学の関連科目を履修しても、実際に機械を設計しようとすると手が動かずドラフターの前で腕組みをして、時間だけが過ぎていくという経験をしたことがあるのではないでしょうか。それもそのはずで、機械工学は材料力学・機構学・機械材料・流体力学・熱力学など機械に関する物理現象を分析して得られる学問の体系で、実際に物を設計するにはこれらを総合して機械のメカニズムとして再構成するための経験知が必要になります。

こうした経験知は、体系づけられておらず、企業のベテランの頭の中にあって容易には開示されないものです。上司に叱られ失敗を重ねて長い時間をかけて身に付けるものとされてきましたが、それでは企業や社会全体に与える損失が大きすぎます。

そこで筆者は、「機械の範囲は広いが基本は変わらない」という信念のもと自身のつたない経験をまとめて、自分なりの体系を立ててみました。どんな機械でも構想の立て方と組立図や部品図の書き方、機械要素の使い方と溶接設計が分れば一応の図面が書けるはずです。本書のねらいは、こうした図面を描くにあたっての経験知を伝えることにあります。

本書によって、機械設計の基本的な流れと要点をマスターできれば、独力で構想を立て組立図を書いて設計を進められるようになると確信しています。また、企業においては部下を指導する設計管理者や、関連工学部門の技術者など、自身の設計の進め方をもう一度見直すきっかけになれば望外の喜びです。

2017年 4 月

渡辺康博

目 次

第 4 章　組立図と機械要素 95

第 5 章　部品図の書き方 143

第1章

機械設計の周辺知識

◆機械工学には、材料力学や機構学、機械工作や熱力学、流体力学など、さまざまな科目があります。これらの科目をすでに学校で習得した新人設計者が実際に機械設計を始めるにあたって、どのような知識が必要なのでしょうか。

◆この章ではまず、機械設計の考え方、制御や特許などの周辺知識を学びましょう。

1-1 機械の設計とは何か

まず、機械とは何かを明確にし、機械を設計するとはどういうことか、考えてみましょう。次に、機械設計にはどのようなものがあるか、みてみましょう。

機械の定義

機構学によると「機械とは抵抗力のある部材からなり、エネルギーの供給を受けて一定の運動をすることによって有効な仕事をなすもの」と定義されています（**図表1.1**）。家電品では、例えば電気炊飯器は運動部分がないので機械ではありませんが、電気洗濯機は羽根車が回転するので機械になります。

鋼材を切断する手鋸は工具ですが、モータで駆動する鋸盤になると機械といえます。寸法をはかるマイクロメータは器具ですが、自動的に測定する3次元測定機は機械といえるでしょう。

また化学プラントなどは、エネルギーや仕事は関連しますが、運動という面からは定義に外れるので、装置というのが妥当でしょう。

ロボットはどうでしょうか。単なるハンドリングのマニュピュレータから発達して、世界的に不可能といわれた二足歩行ロボットを本田技研が開発しました。

図表1.1　機械の定義

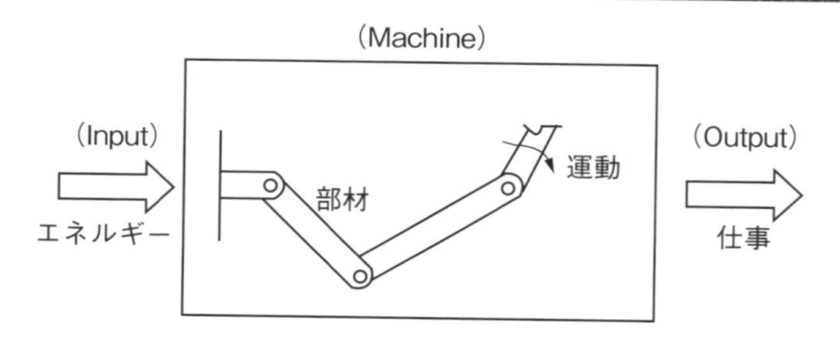

踊りまで踊るヒューマノイドは自分で判断して動くので、すでに機械の定義をはずれています。

最近では、インプットとしてエネルギーでなく「データ」を加え、「情報」をアウトプットするという新しい定義がなされ、コンピュータも機械とみなされています。

四方山話　最も単純な機械、ししおどし

機械はできるだけ単純な機構を選択することが、コストや保守・操作の点で望ましいのです。そういう意味では、日本古来の「ししおどし」は最も単純な機械であったといえます。水が流入して竹筒が傾くと排水し、空になると戻って共鳴して大きな音を出すので、畑の鹿を追う効用が得られます。

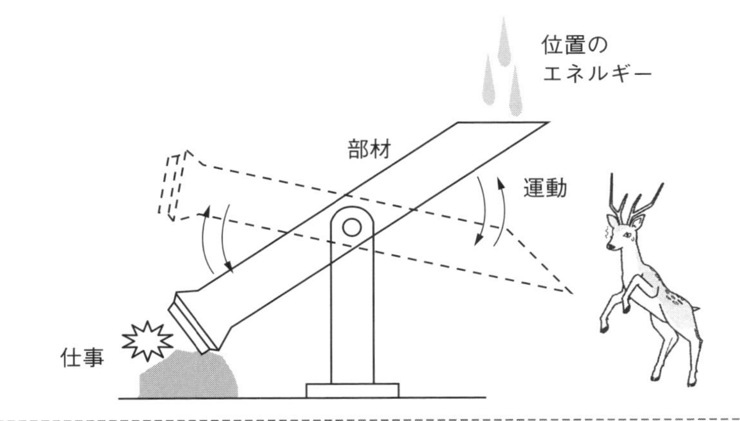

機械を設計するとは

機械の定義から考えると、機械の設計とはまず、どのような仕事をさせるかという機能を定義して、抵抗力のある部材の材料を選択し、一定の運動をするための部品の加工設計をするということになります（**図表1.2**）。

このように機能という抽象概念に実体を与える設計は、無から有を生み出す創造の仕事です。価値を生み出す思考部門であり、製造原価の80％を決定すると

図表1.2　機械設計の三要素

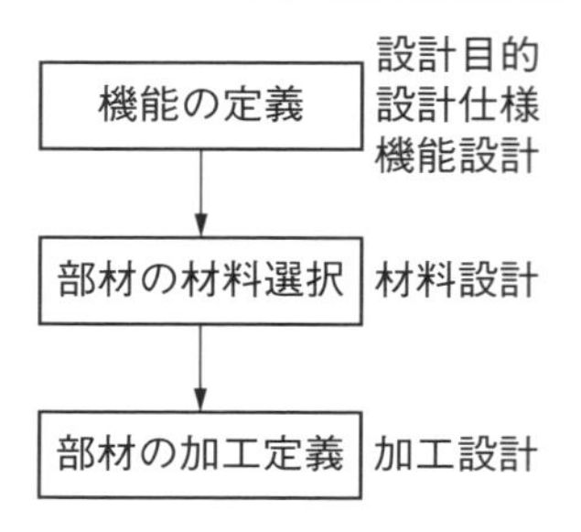

図表1.3　機械設計の方法論

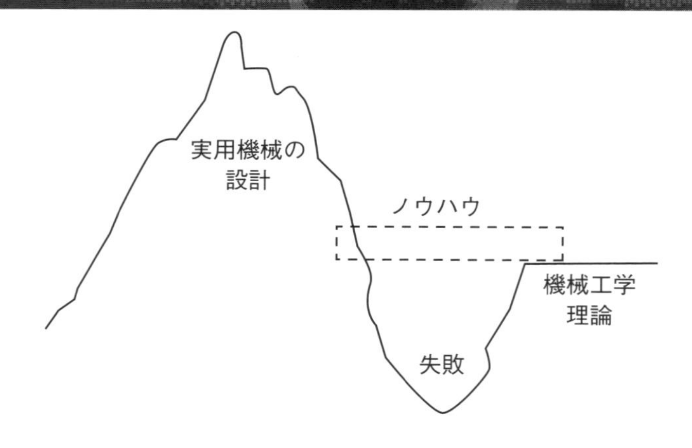

いわれるように工場利益の源泉部門でもあります。設計部門は機械の製作情報を図面として表し、製造部門へ製造命令を出す司令塔です。

製作情報を書き表すには、機械工学の諸科目の知識を駆使して、企業が持つ機械の固有技術をベースに、図面として総合していかなければなりません。ところが、機械工学は科目に分割されて研究され、学問の体系として構成されてはいますが、機械設計の方法論はあまり研究されていませんでした。「分析は学問であるが、その統合は職人の仕事である」と考えられてきたからでしょう。方法論は、経験を積んで身に付けるノウハウですから、これを学べば設計上の失敗を回避することができます（**図表1.3**）。

機械設計の事例

ひと口に機械といっても、アポロ宇宙船から新幹線、自動車や溶接機・洗濯機にいたるまで広い範囲にわたります。これでは漠然としてとりとめがないので、**図表1.4**のように機械を分類して把握することにしましょう。そうすると、アポロや新幹線は運搬機械、溶接機はその他の機械になり、家庭用洗濯機は作業機械の範ちゅうに入らないことがわかります。

機械はまた、これをシステムとして考えれば、さらにサブシステム―コンポーネント―ユニット―部品にブレークダウンされます（**図表1.5**）。つまり、いくつかの子機械の組み合わせであったり、いくつかの機能部分の集合であったりします。この考え方は部分組立図や部品図に分けていくときに有効です。

また、設計課題を与えられる場合のレベルとしては、既存機械のマイナーチェンジで設計できるレベル、実績機の何倍かに容量アップ（またはダウン）した新規設計のレベルから、まったく実績のない開発設計のレベルまであります。

本書では、ある製造企業の生産ラインで使用する簡単な作業機械を新規に設計する事例をいくつかとりあげます。

図表1.4　機械の分類

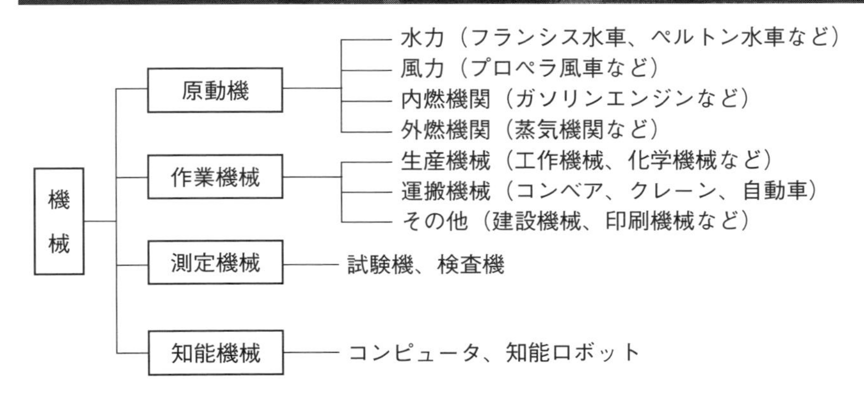

図表1.5 システムの構成

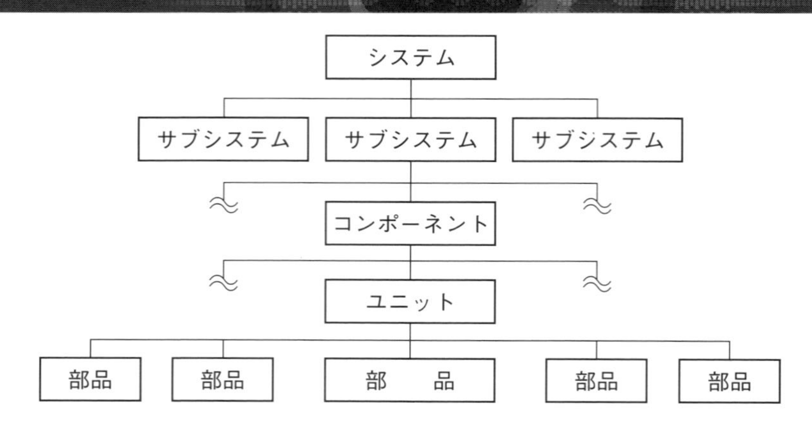

四方山話 「システム」という術語

数人で業務のあり方についてディスカッションしたときのことです。システムに関する議論がまったくかみ合わず、収拾がつかなくなってしまいました。そのとき気がついたことは、「システム」というBIG WORD、または多義語は使用するときには、あらかじめそれを定義しておく必要があるということです。ある人は理想的な業務の仕組みを「システム」といい、ほかの人は既存の「EDP*システム」を指しているという具合ですから、まとまらなかったわけです。

＊ EDP Electronic Data Processing（電子データ処理システム）の略。給与計算、売上集計など事務処理の効率化をはかるためのコンピュータシステム。

1-2 機械設計の手順

機械設計はどのような手順で進められるのでしょうか。まず、機械製作の手順を流れでとらえ、設計者の情報収集と基本仕様決定の業務について考えます。それ以降の業務については、次章以降で詳しく学んでいくことにします。

機械の製作手順

機械の製作手順は、機械製造企業が製品として製作する場合と、一般製造企業が生産ラインの製造設備として製作する場合で、異なってきます。また、機械製造企業でも、対象機械が個別受注機械か量産機械かによって異なってきます。さらに企業の規模や慣例や、製作実績の有無によってもさまざまですが、大まかな流れとしては**図表1.6**のようになります。

主として設計業務からみるため、購買部門の部品発注や検査部門の部品検査、組立検査は含めてありません。設計部門でも作図すれば検図、出図すればレビューが必要ですが、これも簡潔にするためフローチャートとしては省略してあります。

四方山話 デザインレビュー

デザインレビュー（Design Review）はDRといわれ、設計の各段階で図面の検討を行う手法です。米国で開発され、米国航空宇宙局（NASA）のアポロ計画で効果が認められました。関係各部署から専門家が集まり、購買、加工、組立、運搬、据付、保守などあらゆる面から問題点を洗い出し、解決をはかり図面に反映させます。

「図面ができてから」「部品ができてから」「組立ててから」「納入してから」…では、修正に大きなコストと時間、工数がかかります。次のステップに移る前に不都合な点をあらかじめつぶしておく源流管理の考え方です。

図表1.6　機械の製作手順

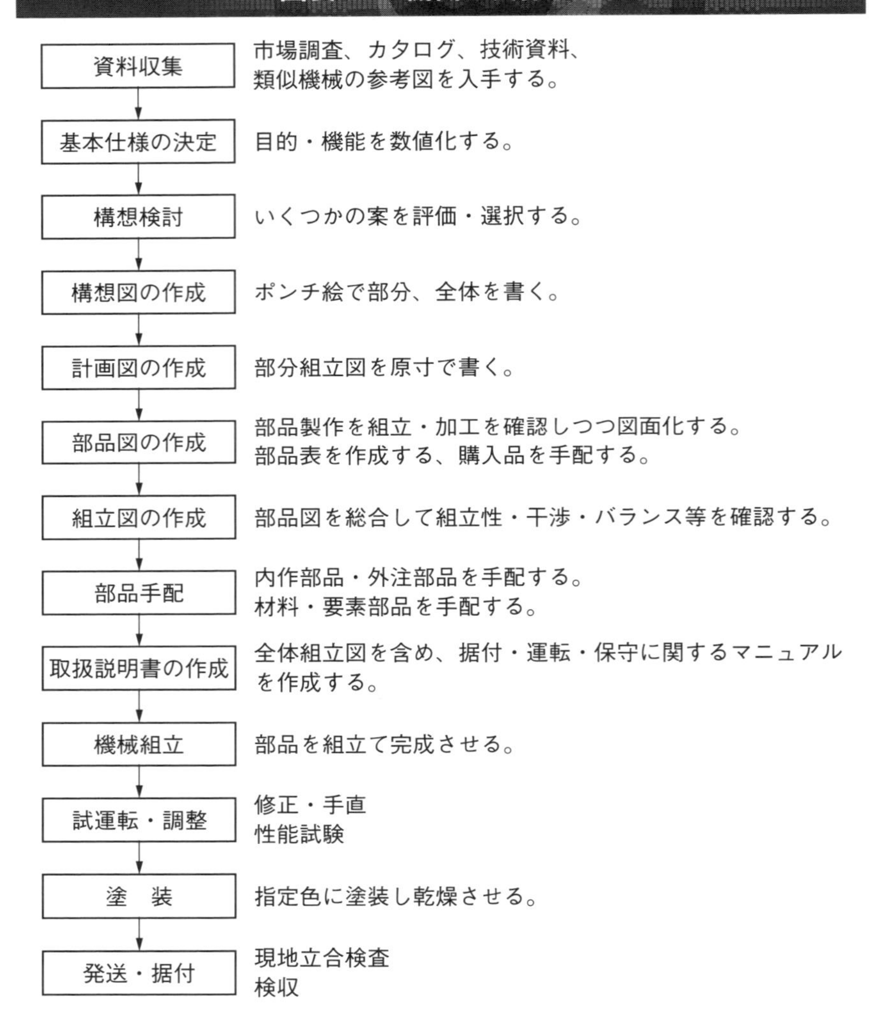

関連資料の収集

機械の設計に先立って、要求される機能や制約条件をまとめた基本計画書・設備計画書をはじめ、見積仕様書、打ち合わせ覚書き、加工品の実物や写真、過去

図表1.7　設計関連資料

区　分		資料・情報
社内	設計対象	加工品図・写真、見積仕様書、設備計画書、基本計画書、実績機械の計画図・製作図、クレーム記録、試験成績書
	社内規格	設計基準、設計標準、設計マニュアル、部品規格、製作基準、設計資料、報告書
競合メーカー		カタログ、取扱説明書、参考図、技報
購入品メーカー		カタログ、取扱説明書、製品図、技報
学会・協会・出版		学会誌・協会誌、論文、技術雑誌・新聞、ハンドブック、便覧
公共機関		JIS 規格、国内法令規格、政府刊行物（白書・統計）、特許資料
海　外		ANSI 規格、ASME 規格、ASTM 規格、MIL 規格、DIN 規格
国　際		ISO 規格、IEC 規格

の実績があれば、その図面や記録をそろえます。自社に実績がない場合は、他社の類似機械のカタログや図面、取扱説明書を入手します。

いずれのメーカーのものでも、類似機械を見学する機会が得られれば、百聞は一見にしかずでたいへん参考になります。たとえ軸受ひとつでも、どのようなものか手に取ってみてはじめて、本当の設計ができるのです。知らないものは設計できないと心得て、貪欲に見て聞いて、情報を集めることが大切です。

ときには現地・現場へ出かけ、どのような環境でどのように使用されるかを実際に調査することも必要です。作業者の生の声や本音を聞いてこそ、より使いやすい機械の設計ができるものです。

機械設計に必要な資料について、社内・社外に分けて、どのようなものがあるかを**図表1.7**にまとめてみました。

基本仕様の決定

機械の基本仕様は、要求される機能（なすべき仕事）と加工対象物（ワーク）、どのような動きをして毎分何個を仕上げるかという速度を与えれば、基本的なデータが決まります。一般的には性能、主要寸法、質量・容積、使用条件、安全・保全要求などです。例えば、油圧プレスを設計する場合、推力、ストローク長、シリンダ速度、油圧圧力、ベッド寸法、電源仕様を決めれば、あとはシリンダ径を決めて油圧回路の仕様が計算でき、部材の強度計算をして寸法を決めていくことができます。

この仕様例は数値をすべて設定し、計算で進められるケースですが、一部仮定や推定、実験が必要な数値もありうるわけです。次のケースはある部品の高圧水噴射洗浄機ですが、洗浄品質として要求される洗浄後の残留異物質量XXmgを達成するために、実際に噴射圧力を何MPaとするか、実験により決定しています（**図表1.8**）。

図表1.8　洗浄機仕様例

項　目	項目の例	仕様の例
洗浄部品	クランクシャフト	品番××-××××
部品材質	ダクタイル鋳鉄	S50M
洗浄部位	斜め油穴　×4	噴射洗浄水流量　○○ℓ/mm
	フロントタップ穴　×1	〃　△△ℓ/min
	リアタップ穴　×6	〃　□□ℓ/min
	全体洗浄	〃　××ℓ/min
噴射圧力	洗浄水圧	5～14MPa （洗浄試験により水圧・流量決定）
クランプ基準	加工済部	ジャーナルピン部
加工時間	サイクルタイム	30秒
ワーク搬送	トランスファライン	リフト&キャリ
駆動方式	油圧駆動	3.5MPa
洗浄仕様	残留異物	××mg以下
空気圧力	工場空気	0.4MPa
電源電圧	三相交流	φ3×50Hz×200V
機械寸法	装置全体	3,000L×5,000D×2,500H
機械質量	付属装置含む	○○○kg

1-3 制御の基本を理解する

機械の設計者は、機械がどのように制御されるのかを記述した制御仕様を作成して、制御設計者に渡さなければなりません。ですから、機械設計者も最小限の制御の基本を理解しておく必要があります。

電気制御回路

機械の構造が骨格・筋肉だとすれば、電気制御回路は脳・神経に相当します。機械が制御される仕組みを知って、どこにセンサーを置いて、どのようなインターロックをかませるか、という基本計画を立てます。そして、動作説明や動作線図などの制御仕様を作成して、制御設計者に制御設計を依頼します。

また、ある動作をメカ的に組むか、電気的に作動させるか、メリットを判断して選択する場合も出てきますから、どのような電気部品がどのように使えるのかを知らないとうまい設計ができません。

電気制御回路はリレー（電磁継電器）を使用して、その自己保持という仕組みを利用して、複雑な機械の動きをコントロールしています。

まず、リレーについて説明します。**図表1.9**のように電磁石に接点が組み込ま

図表1.9　リレーの構造

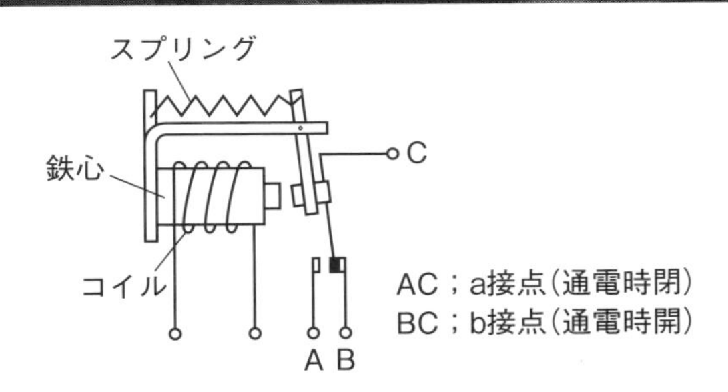

図表1.10　リレーの図記号

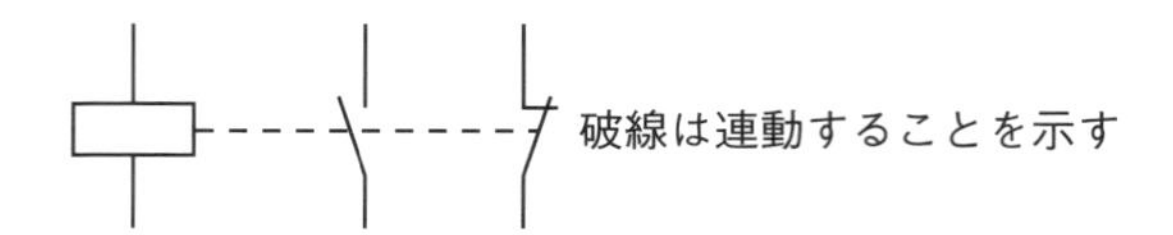

図表1.11　自己保持回路

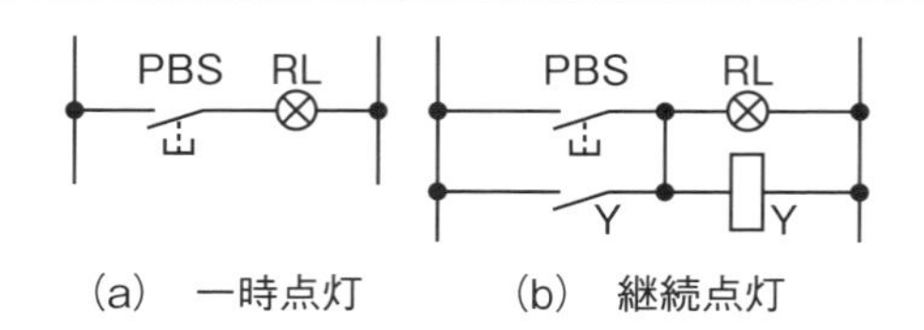

れています。コイルに通電されて鉄心が磁化されると、スプリングによってBに接していた接点が、Aに接触します。通電（励磁）時に閉となって電流が流れる接点をa接点、通電時に開となって電流が切れる接点をb接点といいます。このリレーはa接点、b接点が１個ずつあるので1a1b接点を持つリレーといいます（**図表1.10**）。

次に自己保持について説明します。自己保持というのは、一時的な電流信号により、接点を開または閉として保持することです。

図表1.11（a）では、押しボタンPBSを押している間だけREDランプが点灯しますが、離せば消灯します。しかし図表1.11（b）ではPBSを離してもリレーYが励磁されたままですから、接点Yが閉に保持されるため、REDランプは点灯し続けるのです。

シーケンス制御の例

図表1.12は、ある機械の起動回路です。起動押しボタンスイッチPBS–入を押すと、コイルMCが励磁され、a接点MC–aが閉となり自己保持されます。コイ

図表1.12　機械の起動停止回路（I）

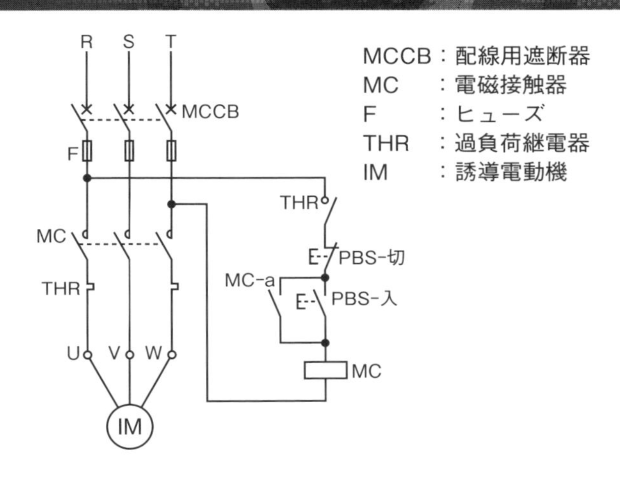

ルMCは電磁接触器MCと連動していますので、三相動力回路が閉じモータが回転します。そして、停止のときには押しボタンスイッチPBS−切を押すと、コイルMCが非励磁となり、a接点MC−aが開となって自己保持が解除されます。同時に電磁接触器MCが開き、動力電源が遮断されます。

次に、この機械に潤滑油ポンプが付属する場合のシーケンス回路を考えてみましょう（**図表1.13**参照）。この場合はPBS入−1ボタンを押しても、コイルMC−1は励磁されません。なぜなら、a接点MC−2aが開いているからです。つまり、潤滑油ポンプ用モータの電磁接融器MC−2が閉じていないと（潤滑油ポンプが回っていないと）機械が回らないようになっています。また、潤滑油ポンプが停止したら機械も止まります。これをインターロックといって、電気回路上で機械を保護する仕組みです。

機械を起動するには、PBS入−2ボタンを押します。するとコイルMC−2が励磁してa接点MC−2aが自己保持し、同時に電磁接触器MC−2が閉じて潤滑油モータが回転します。それから機械の起動ボタンPBS入−1を押すと、（今度はa接点MC−2aが閉じていますから）コイルMC−1が励磁してa接点MC−1aが自己保持して、同時に動力回路の電磁接触器MC−1が閉じ、機械のモータが回転し始めるのです。

図表1.13　機械の起動停止回路（Ⅱ）

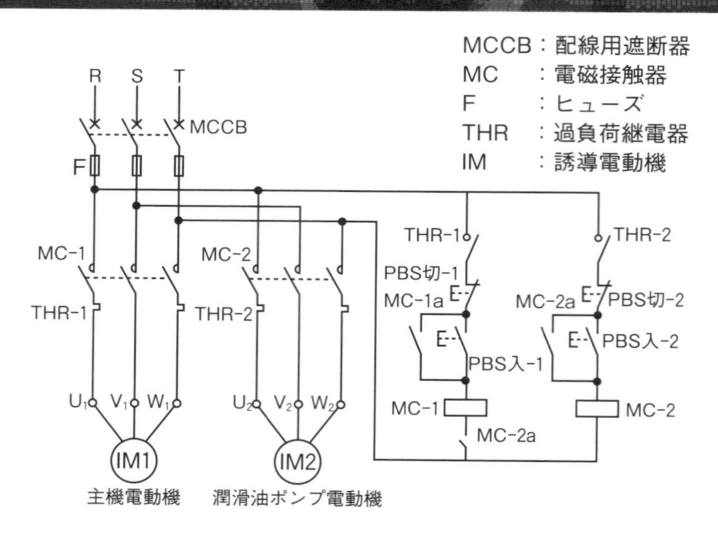

プログラマブル・コントローラ

接点を有するリレーの代わりにマイクロプロセッサでロジックを組み、シーケンス制御を実行するプログラマブル・コントローラ（PLC）がよく使用されるようになってきました。

プログラマブル・コントローラは無接点制御回路ともいわれます。モニタ画面上で制御回路を組み立てるので、配線不要で変更も容易ですから、複雑な制御に適します。

シーケンス図ははしごの形をしているのでラダー図といわれ、有接点のものと同じ記号を使用してわかりやすいのですが、動作原理はまったく別物です。リレー回路は接点のON/OFF動作で逐次演算しますが、PLCはメモリが高速でスキャンして論理演算をしています。

モニタ上でラダー図（**図表1.14**）を書き込み、機械語に変換するプログラミングツールが必要ですが、リレーが数個以上になる制御であればリレー式よりも安くなるといわれています。

図表1.14　ラダー図

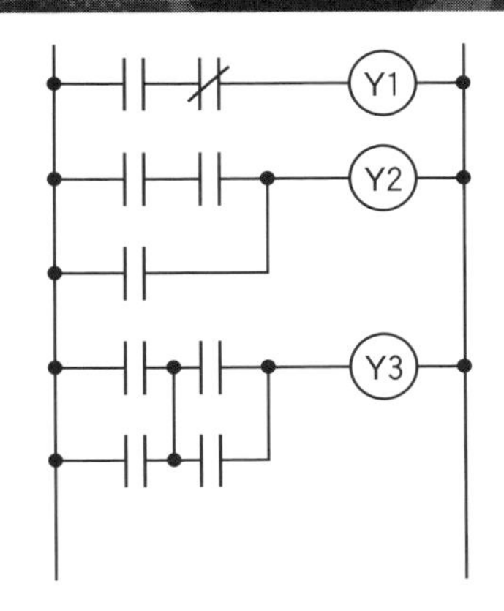

モータの概要

三相誘導モータは固定子巻線によって発生する磁界が毎秒f回だけ強弱を繰り返し、三相で120°の位相差があるため、合成磁界の向きが見かけ上、回転することを利用しています。**図表1.15**は三相のうちU相についての磁界を説明したものです。

モータの回転速度N（rpm）は、電源周波数f（Hz）による回転磁界の速さとモータの極数pにより、次のように計算されます。

$$N=\frac{60f(1-s)}{\frac{p}{2}}$$

周波数fは東日本で50Hz、西日本で60Hzであり、sはすべり率で３～７％にとります。モータの回転子が回転磁界の同期回転数より遅れて回ることにより必要なトルクが発生するので、すべりが必要になるのです。

ですから関東地方なら４極モータは約1,440rpmの速さで回転します。

モータの取り付け形式には、脚取り付け型とフランジ型があります。脚取り付け型はベルトやチェーンなどの巻掛け伝導のほか、カップリングで負荷に連結し

図表1.15　モータの回転磁界

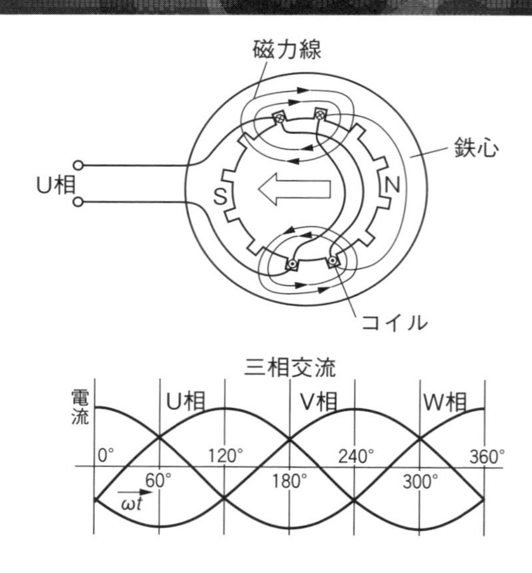

四方山話　かご型モータとは

機械の駆動用に使用されるモータは交流三相誘導モータが多く、構造が簡単で起動の容易なかご型がほとんどです。かご型はローター（回転子）に巻き線がなく、ケイ素鋼板を積層した鉄心にアルミなどの導体を鋳込んで一体としています。鉄心とシャフトのない形を想像すると、リスのかごに似ていることからかご型と呼ばれています。

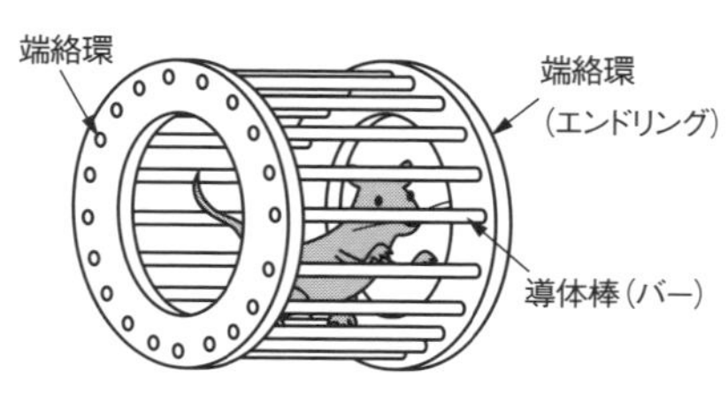

ます。フランジ型には縦型・横型があり、機械に直取り付けしてコンパクトな設計ができます（**図表1.16**）。

なお、モータの形状寸法はJIS規格で標準化されているので、枠番の同じモー

図表1.16　モータの取付け型式

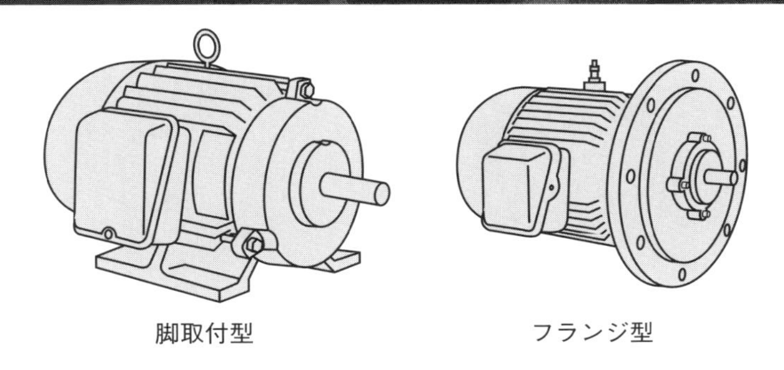

タはどのメーカーも同一寸法であり、互換性があります（JIS C 4210、一般用低圧三相かご型誘導電動機）。枠番は軸高さC寸法のmm単位を外した数字で表されます。

機械の使用される環境により、モータの保護形式が定められています。一般の機械工場では全閉外扇型（TEFC：Totally Enclosed Fan Cooled Type）といって、ごみや水滴が侵入しない密閉したフレームを持ち、これを外側から羽根で冷却する保護形式が多く使用されています。ほかに防滴型、防食型、防爆型などの保護形式があり、使用環境により選定します。

次にモータの回転方向ですが、市販のモータを購入したときは回転方向の指定があるか確認しなければなりません。指定がある場合は、モータに貼り付けてある矢印銘板の方向に回転するように使用しないと、ネジがゆるんだり、冷却ファンの送風不足で過熱したりという不都合が生じます。

またモータを購入するときに、回転方向を指定したい場合があります。この場合、時計回り（CW*）か反時計回り（CCW**）かという方向を指定するだけでは不十分で、どこから見てという視点を示さなければ決まりません。つまり、駆動側（機械側）から見るか、負荷側（モータ）側から見るかを併記しないと正確な定義はできないのです。例えば**図表1.17**のように「駆動側から見てCW」という回転方向は「負荷側から見てCCW」と同じ方向です。

*　clockwise
**　counter clockwise

図表1.17　モータの回転方向

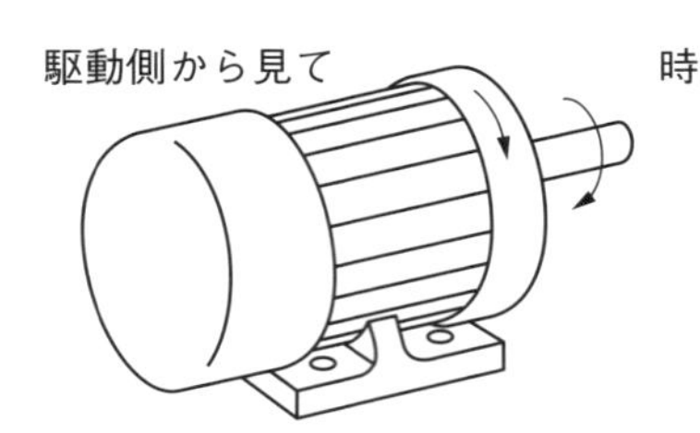

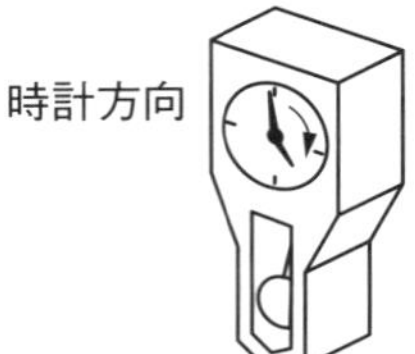

四方山話　モータが逆転したら

あるとき現場で熱風乾燥機を修理していましたが、運転を再開したときに、焦げ臭いにおいがしてきました。ただちに乾燥機を停止させ、モータの回転方向をチェックしたところ、逆転していることがわかりました。送風機のモータの三相動力線の結線が違ったためです。逆回転して風量が不足して、あやうく電気ヒータを焼損するところでした。

モータを新設したり修理したりして三相動力線を接続したときには、必ず回転方向を確認しなければなりません。機械が逆転して破損したり、作業者が挟まれたりという思わぬ事故が発生します。

確認はチョイ回しといって、負荷を切離してから、電源を瞬時ONにして切り、回転方向を見きわめます。

逆回転を正回転に修正するには、端子台の三相動力線のうち２本を入れ替えればOKです。回転磁界の現れ方が反転するので、反対回りとなるわけです。

油圧空圧の制御

機械の動力源としては、モータ（電動機）のほかに油圧空圧も使用されます。油圧空圧も動力としては電動機を使用するのですが、それぞれに特徴のある制御特性を持つので変換して利用するわけです。油圧空圧の特徴を**図表1.18**にまとめました。

油圧空圧では４ポート３ポジションなどという制御弁の構造や、メータイン／メータアウトという絞り制御、シリンダのクッションという共通する考え方が

図表1.18　油圧・空圧の特徴

	油圧駆動	空圧駆動
圧力特性	3.5～35MPaの油圧源で強大な力が得られる。	空気源は0.7MPa以下で、力は大きくない。
運動特性	安定した速度制御ができる。特に微速制御に優れる。	低速では不安定になる。（スティックスリップ）
環境特性	点検修理で油汚れ	排気にオイルミスト
イメージ	精密動作、高級機	ラフ動作、廉価機

あります。これらをよく学んで、どのように機械の制御に使用できるかを考えなければなりません。

四方山話　「学ぶ」は「まね」から

実務設計への導入コースとしては、お手本のある２号機が最適です。１号機と全く同じ仕様では勉強になりませんが、多少容量に違いがあり、設計しなおす場合は自分から希望して担当するようにしましょう。先輩の設計を真似して、「ここはなぜこうするのか」「それはどうしてこうしないのか」を考えながら、要領を習得していくのです。

何台かを経験すれば、自信を持って新規設計ができるようになりますので、そのときは真似でなく、独創性を発揮すればよいのです。

1-4 特許の関連知識

新規で有用なアイデアは、一定期間法律で特許として独占を認められます。設計・開発で得られた着想は出願して、権利を確保したいものです。また、先願がないか確認して、他人の権利を侵害しないよう注意しなければなりません。

知的財産権制度

特許法では「発明とは自然法則を利用した技術的思想の創作のうち高度のものをいう」と定義しています。技術開発の促進をはかるため、新規性・進歩性のある発明に対しては出願から20年間は発明者の独占使用権を認めて利益を保護する制度です。自由競争を建前とする資本主義社会にあって、独占禁止法の例外規定といえます。

発明には、ものに関する発明と方法に関する発明（製法特許）がありますが、最近はビジネスモデルも特許と認められるようになってきました。

四方山話　ビジネスモデルはなぜ特許？

これまでは営業方法などのビジネスモデルは特許の定義から外れると考えられてきました。ところが、米国の裁判所が1998年に「具体的な効用が認められれば特許として成立する」という判決を出したのです。ステートストリート銀行が配当や収入の日常処理を行うハブ＆スポークシステムの特許を侵害しているとして、権利者のある投資会社が提訴したものでした。これが世界標準となってビジネスモデルが多数出願されるようになったのです。

プロパテント主義

プロパテント主義とは、知的財産権による権利を重視して、他者へ損害賠償を請求したりロイヤルティを要求したりする風潮をいいます。米国の半導体や工作機械メーカーは、日本のメーカーに対して「当社の特許を侵害している」として、よく賠償請求の訴訟を起こします。日本メーカーも、「訴訟社会の米国企業と長期にもめるよりは和解金を支払ったほうがよい」となりがちです。前述のビジネスモデルも、米国のプロパテント政策の一環です。

同業他社の模倣はあまり言い立てなかった日本企業も、侵害警告や差し止請求をどんどん出すようになってきました。ですから、他社の侵害は厳しく監視するとともに、自分が他社の権利侵害をしないように気をつけなければなりません。

特許検索システム

業務で新規なアイデアを得たら出願を検討しますが、すでに同様の出願があるかどうか調査しないと、先願主義の日本ではムダになります。また、設計に使いたい機構などが他社の特許に抵触しないかを調査しなければならないときもあります。このように先願を調査するには、キーワードをロジックに組んでインターネットで検索するシステムがあります。特許庁関連機関の工業所有権情報・研修館が実施しているF1・Fターム検索で無料で調査できます。

四方山話　VEで資材費低減

VE（Value Engineering）とは価値分析といわれる原価低減手法で、1949年に米国GE社の購買部長L.D. マイルズが開発しました。購入部品や材料の持つ機能を定義して、それと同じ機能を果たす他の代替案を列挙して、最低コストで入手できるように仕様、製法、購入方法を変更するものです。機能だけに着目するので、現状にとらわれない斬新なアイデアが得られ、大幅な資材費低減が可能となります。

四方山話　世界特許になった日本の実用新案

ある人が鉛筆を持ちやすくするための指当てパッドを考案して、「ペンだこ防止具」という名称で昭和52年に日本の特許庁に実用新案として出願しました。

そして国内の大手筆記具メーカーやアイデア商品の製造元などに、商品化してもらえないかと打診しました。しかし、「そんなものはどこにもないから」という理由で、なかなか採用する企業はなかったのです。

そのうちに審査請求できる期間が経過し、出願は昭和59年に無効になってしまいました。現在の実用新案は形式的な審査のみで登録されるようになりましたが、当時は実質的な審査があり、7年以内に審査請求しないと取下げとみなされる規定でした。

しかし、無効となったその年、1984年にラスク・クリスという人が米国特許商標庁に同一の内容の発明を「Writing Aid」として出願して、翌年米国特許を付与されたのです。（US PAT.4526547）

そして日本を除く欧米・アジアで特許を取得し、現在ではその特許をもとにした文具・玩具が世界中で製造販売されています。

当時、審査手数料を払って権利を確定しておけば、今頃はペンだこ御殿に住んでいるわけですが、逃した魚は大きかった。

しかし、日本での実用新案が無効になった時点でその内容は公知として新規性は失われ、いずれの国の特許にもなりえないはずですが、遠吠えをしても始まりません。

排水口から鯉が流れてくるのを狙っている人もいるくらいですから、新規な着想は評価はさておいても、早めに知的財産権を確定しておいたほうがよいですね。

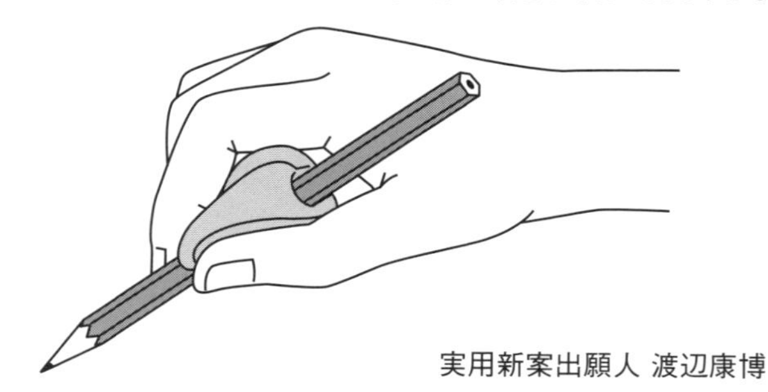

実用新案出願人 渡辺康博

第2章

設計構想の立て方

◆実際に動いている機械を見ると、実にうまい構造で確実に作動し、要所に工夫が光っていることがわかります。このようなうまい機構は、どのようにして得られるのでしょうか。

◆構造のアイデアはどのように熟成し、構想となるのかについて考えてみましょう。

2-1 問題解決の方法

機械設計は問題解決の連鎖です。問題解決の方法にはどのようなものがあり、どのように展開するのでしょうか。アイデアの模索法を考え、有効な結果を得た事例を研究してみましょう。

帰納法と演繹法

論理の展開には帰納法と演繹法があることが知られています。

帰納法（induction）とは、事実を集めて一般的な規則を推論し、さらに事例を集めて確認する方法です。例えば、「ソクラテスとアリストテレスは死んだ。彼らは人間である。ゆえに、人間は死ぬものである」という論法です。この方法の欠点は、すべての事例を集めることはできないので、確率的な確からしさになるということです。

演繹法（deduction）とは、一般的な事実から具体的な事実を導く方法です。例えば、「人間は死ぬものである。ソクラテスは人間である。ゆえにソクラテスは死ぬ」という論法です。この方法の欠点は、集めた事例に誤りや限界がある場合、結論も誤るということです。

帰納法と演繹法は、論理の展開の方向が**図表2.1**のように逆になっています。

四方山話

数学的帰納法は演繹法？

高校の数学で数学的帰納法を勉強しました。ある数式が$n=1$で成り立ち、$n=k$のとき成り立つと仮定して、$n=k+1$でも成り立つことが証明できれば、すべてのnについて成り立つという証明法でした。

これはk、$k+1$について事実を積み上げる点で帰納法なのですが、kで成り立つという原則をもとにしている点では演繹法です。

図表2.1　論理の流れ

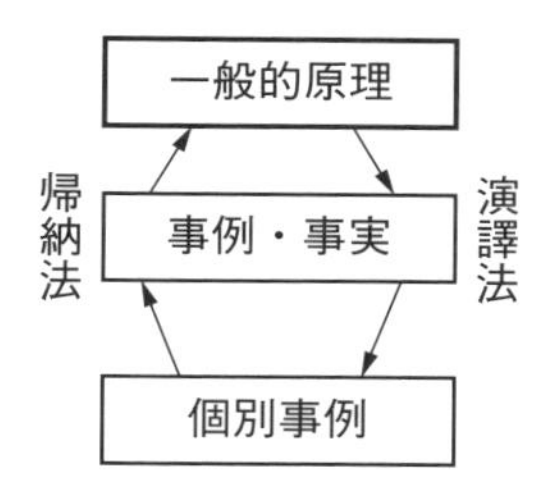

図表2.2　改善のアプローチ

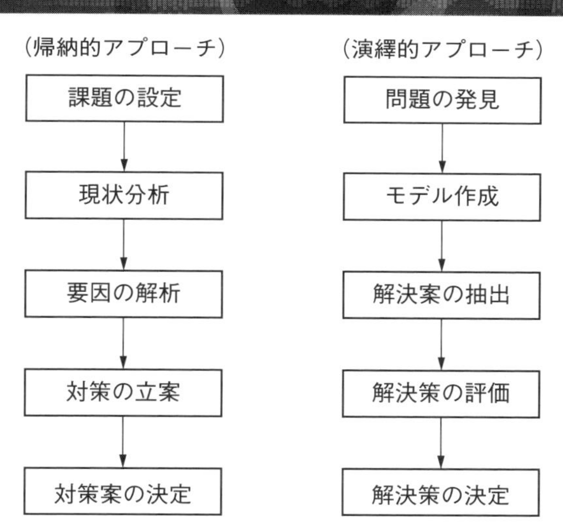

問題解決のアプローチにもこの2つの流れがあり、それは帰納的アプローチと演繹的アプローチといわれています（**図表2.2**）。

帰納的アプローチは、現状を分析して問題点を抽出して解決策を立案するもので、分析アプローチともいわれます。この方法はいわゆるQCサークルの改善手法としても知られ、現状分析に使用する特性要因図がよく使われています。

しかし、現状の分析からスタートすることから、現状に拘束され、抜本的な改革案が得られにくいという欠点があります。例えば、**図表2.3**のように「コピー枚数を減らすには」というテーマで取り組む場合、「コピーそのものをなくす」

図表2.3　特性要因図

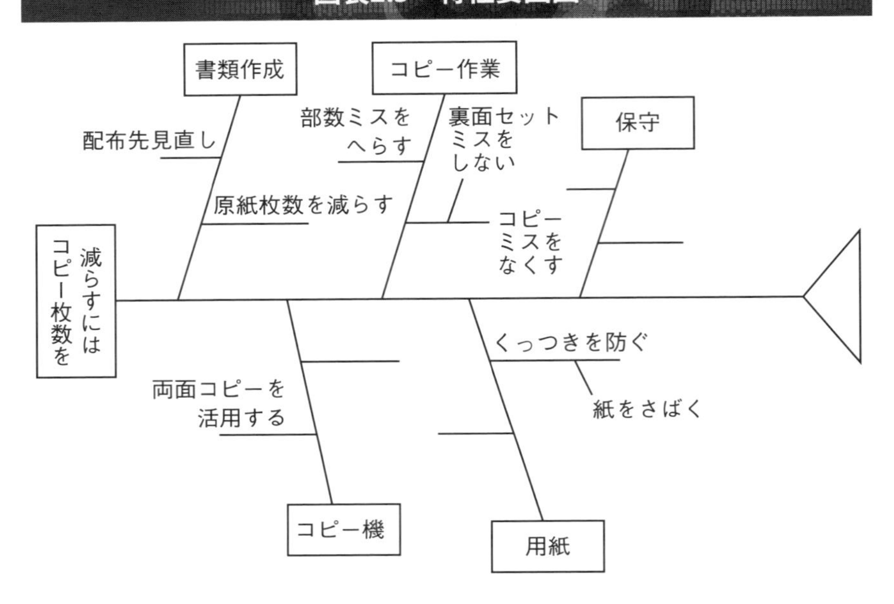

という発想は出てこないのです。

これに対して演繹的アプローチは、普遍的な原理原則にもとついて理想システムを考え、目的を達成する実現可能な解を評価して具体化していく方法です。この方法は設計アプローチといわれるように、通常の設計業務で無意識に使っている方法です。与えられた条件の中でこれらと独立に解を求めるので、現実にとらわれない斬新な解決案が得られるという特長があります。日常の設計業務でなんとなく使用しているのですが、手法として意識して適用すると大きな成果が得られます。

IE*分野の学者であったNadlerは、IEの種々の分析手法でデータをとっても工程改善のヒントは得られないことから、ワークデザインという工程設計の方法を提唱しました。それはまず、問題を定義してその解決策を考えるという演繹的方

＊　IE　Industrial Engineeringの略。工学のうちで人・材料・設備の総合されたシステムを設計し、改善し、設定することを対象とするもの。そのシステムから生じる結果を明示し、予測し、評価するために工学的な分析や設計の原理と技法ならびに数学、自然科学などの専門知識や経験などを用いる（米国IE協会による定義）。

図表2.4　二つのアプローチ

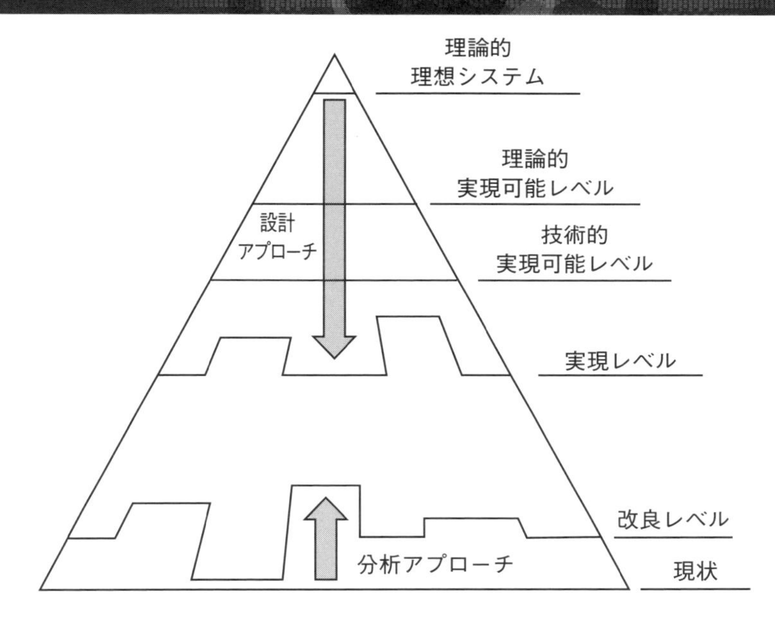

法です。彼はこの２つのアプローチを図式化して、**図表2.4**のような三角形で表したのです。

分析アプローチでは、三角形の底辺の「現状」からさかのぼっても、ある「改良レベル」までしか改善できません。しかし、設計アプローチは頂点の「理論的理想システム」から「実現可能レベル」へと下るので、斬新な解決策を得ることができます。

Nadlerが示した生産の「理論的理想システム」とは、NoTime、NoCost、NoLaborで必要な部品が入手できるものです。これは「即時に、費用・手間なしに」という実現不可能な理想状態ですが、この高いレベルから工夫して妥協できるレベルに落とし込むのです。Nadlerは解決策を探る手法として、「IDEALS（Ideal Design of Effective and Logical Systems）」を提唱しました。これは10段階のステップからなり、まず機能を定義し、情報を収集して、理想システムを考えて、評価するという手順です。しかし、どのように代替案を考えるのかという方法は与えていません。

設計問題の解決において、理想システムに近い解を得るためには、設計アプローチを意識的に取り込むとともに、次に述べる系統図法を適用すると有効です。

四方山話 **日産とトヨタ**

日産自動車は昔から、全社的にQCサークル運動に力を入れ、職場のQCサークルの改善活動が盛んな会社です。QCストーリの展開で改善を進める分析アプローチに強い会社といえます。

一方、トヨタ自動車はジャストインタイム生産方式を編み出し、生産ラインで付加価値を付けないものはすべてムダとして排除せよ、という理想を掲げて改善しています。例えば、運搬も検査も在庫もムダとして、それをなくすことを考えよというのです。これは設計アプローチの手法です。

一時的な不振を乗り越えてゴーン社長のもとで復活した日産と、世界のビッグスリーを抜くばかりとなったトヨタの争いは、帰納法vs演繹法の戦いとみてよいかもしれません。

系統図法で解を追求

ものごとの関連を明らかにする手法として関連樹木図があります。幹から大枝・小枝に分けてレベルをはっきりさせながら、漏れなく関連を把握するツリー状の図です。企業の会社案内などで「わが社の製品樹木図」などと製品をわかりやすく関連づけた樹木図を見かけることがあります。前項の特性要因図も樹木図といえるでしょう。

ある問題を解決するために目的と手段の樹木図を作成して、可能性のある解を漏れなく追求する手法として系統図法があります。ある最終目的を達成する手段をすべてあげ、次にこれらの手段を目的に置き換えて、さらにこれを実現するための手段を網羅して、ツリー構造で解を求める方法です。得られた手段のすべてを検討して、実現可能と思われる系統を解決策として選択するのです（**図表2.5**）。

例えば、肥満解消という最終目的を達成する場合を考えてみましょう（**図表2.6**）。第１レベルの手段は、摂取カロリーを減らす、運動量を増やす、などがあげられます。次にこれを目的と置き換えて、これを達成するための第２レベルの

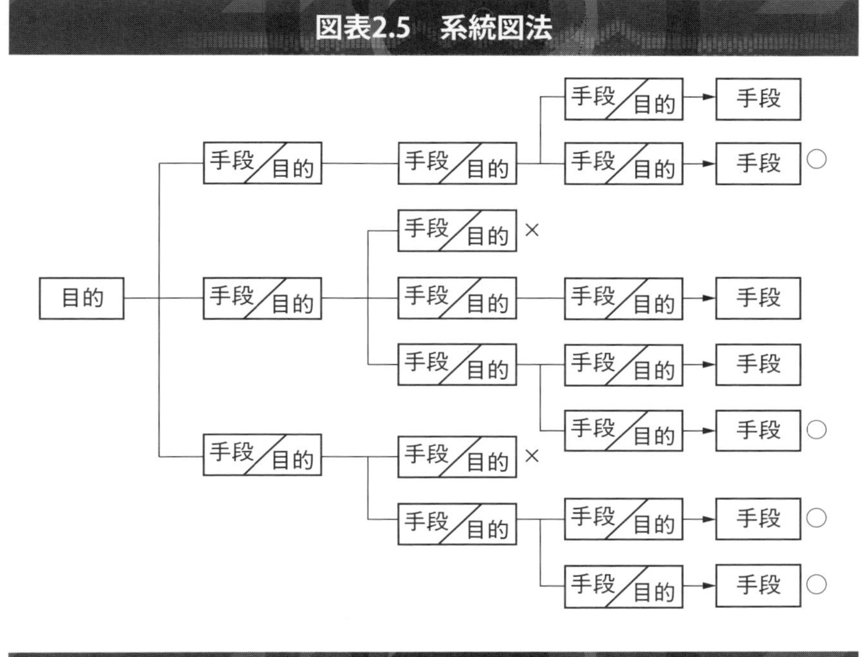

図表2.6　肥満解消のためには

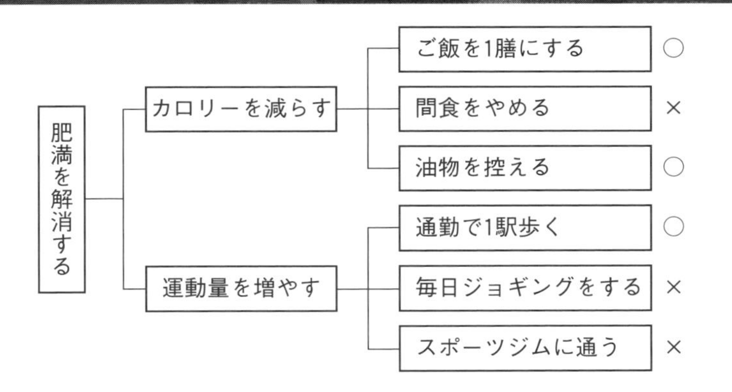

手段（ご飯を一膳にする、通勤時に一駅歩く、など）をすべてあげます。レベルを深めていって完成したら、それらの系統の中で実際に実行できる案を採用するのです。

四方山話　創造技法としての系統図法

設計アプローチは、日常の設計業務の中で何となく使っている手法なのですが、系統図法としてもあまり意識して取り扱われていません。

「ある目的を達成するための手段」を繰り返し考えて、実現できそうな手段を追求していくのですが、今どの目的や手段について考えているのかに意識を集中して注意力が他に移って拡散してしまわないようにすることがコツです。この手法を適用することで、設計者個人でも斬新な解決案が得られますが、開発会議などで利用すれば集団の叡智を結集することもできます。ブレーンストーミングなど従来の創造技法などでは得られない画期的な解決案が期待されます。

アイデアの創成

前項の設計アプローチや系統図法、トヨタ生産方式は斬新な解決策を得る方法ですが、解決案（アイデア）の生み出し方は提供しません。ブレインストーミングや創造思考法（Creative thinking methods）はグループ討議で他人の思いつきに便乗して発想を広げますが、斬新な着想が得られる保証はありません。また、TRIZ*といわれる手法が盛んになりましたが、これは過去の発明のパターンを定

図表2.7　アイデアの創造過程

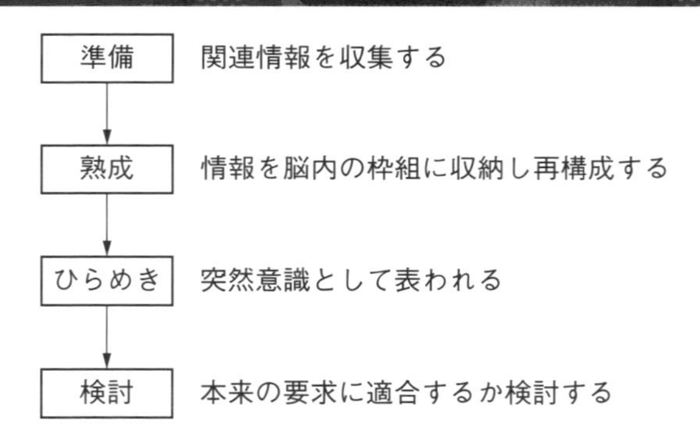
準備
関連情報を収集する
熟成
情報を脳内の枠組に収納し再構成する
ひらめき
突然意識として表われる
検討
本来の要求に適合するか検討する

* TRIZ　Theory of Inventive Problem Solving（TIPS）のロシア語の頭文字。発明的問題解決の理論。

図表2.8　アイデアの湧くTPO

型化して個々のケースに適用しようというものです。膨大なデータベースが必要で、導入にはコンサルタントを依頼するくらいですから、時間がないときには使えないようです。確実にアイデアを獲得するにはやはり、自分で取り組んで、悩んで解決策を模索するしかないのでしょう。

それでは、アイデアとはいったい、どのようにして湧き出てくるのでしょうか。社会心理学では「創造過程」として、アイデアが構成されるプロセスを規定しています（**図表2.7**）。

この４ステップのうち、アイデアの「熟成」段階について考えてみましょう。

アイデアが湧くTPOは古来、中国の詩人が「馬上・枕上・厠上」と言ったように、乗物の中、ふとんの中、トイレの中など、とくに集中して考えている場面でなく、むしろ茫然としているときです（**図表2.8**）。

このとき筋肉はゆるみ、まどろみかけている状態で、脳波はアルファ波が出ているといいます。アルキメデスが風呂に入っているときに浮力の原理を着想したのは有名な話です。

最近の脳科学では、人間の記憶には睡眠が大きく関係していることがわかってきました。睡眠中は、筋肉が休んで大脳が盛んに活動するレム睡眠*と、大脳が

＊　レム睡眠　REM（rapid eye movement sleep）睡眠。眠りは深いが脳波は覚醒時のような型を示す状態。四肢や体幹は緩んでいるが、速い眼球運動をともない、夢を見ていることが多い。

図表2.9　睡眠曲線

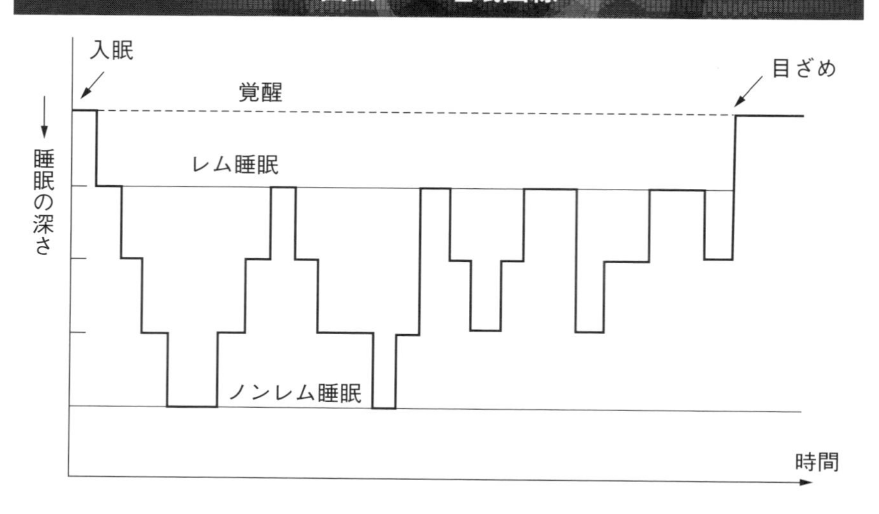

休むノンレム睡眠との組み合わせが90分周期であらわれます。レム睡眠は人間の進化の過程で大脳が発達していないハ虫類以前の時代の睡眠といわれ、筋肉を休めることを目的とします。ノンレム睡眠でも肉体は休みますが、大脳をまどろみから熟睡まで5段階の深さで休めることが目的です（**図表2.9**）。

レム睡眠では眼球がぐるぐる動いて夢を見ますが、記憶と知覚を活性化する神経伝達物質が増加して、大脳が記憶を海馬からランダムに引き出します。これは記憶を整理棚に格納しなおす過程と言われます。この記憶が視覚野に現れると夢を見ます。夢では空を飛んだり、自由奔放にふるまっています。このとき、脳内にある遺伝子からもたらされた祖先からの情報が潜在意識下で問題の解決に関与して、あるとき突然アイデアとして顕在化するのではないかと考えられています。

しかし、アイデアは何もしないでタナボタ式に得られるものではありません。寝ても覚めても考え悩んではじめて醸成されるのです。つまり、アイデアを得るにはまず、汗を流して情報を集め、考え悩み、寝ることです。レム睡眠で情報が整理され、熟成されて、アイデアが夢の中に出てきたら、夢ははかなくうたかたのように消えますので、すぐにメモしましょう。枕元にライト付きの鉛筆と紙を置けと言われます。メモしたのも夢の中だった…ではしゃれになりません。

四方山話 エジソンの居眠り

電灯会社を経営していたエジソンは発明案件を調査・検討して情報を頭に詰めこんだあと、ソファで居眠りをしました。そして握った鋼球が落ちてガチャンと鳴って目覚めると、アイデアができていたというエピソードがあります。「発明は99%が努力であり、１%がインスピレーションである」と彼が言ったのは、寝入りばなの短時間でひらめくということなのでしょう。

会社に「仮眠コーナーを設けてアイデアを引き出そう」と提案してもいいのですが、結果を出せずに、眠り込んだ時間は給料から差し引かれると困りますね。

加圧機械の開発事例

ある製品の組立ラインで、部品の円筒状の内面を加圧する工程がありました。それまでは、送水ポンプと加圧ポンプを組み込んだ簡易加圧装置を作業者が操作して水圧をかけていました（**図表2.10**）。しかし、圧力スイッチやタイマーで簡易自動化されてはいるのですが、バルブやスイッチの切り替え操作が多く、工程担当者しか手順がわかりませんでした。誰でもこの工程を担当できるように操作を簡易化するには、どのような機械を設計したらよいでしょうか。

加圧工程の新工法を得るために系統図法により、円筒内面を均等加圧するにはどのような方法があるかを列挙します（**図表2.11**）。

まず、ゴム円柱を内部に挿入して上部から押圧する方式は、円筒内面との摩擦のため、内奥まで均等な圧力分布が得られないことが実験でわかりました。また、円筒内面は薄板できずがつきやすいため、ローラ拡管工具では無理があると判断しました。したがって、従来どおり圧力を均等伝達する性質のある水を使うのがよいとなります。

既設の簡易加圧装置のバルブや押しボタンスイッチの手動操作を、シーケンス制御によって全自動化する方式は可能です。しかし、この方式では送水ポンプによる注水・排水時間の合計90秒という「付加価値を付けないムダ」時間が自動サイクルタイムに組み込まれてしまいます。ムダが自動化されると装置を廃棄しない限り、取ることはできなくなります。そこで、水圧を利用するものの、従来

図表2.10　簡易加圧装置

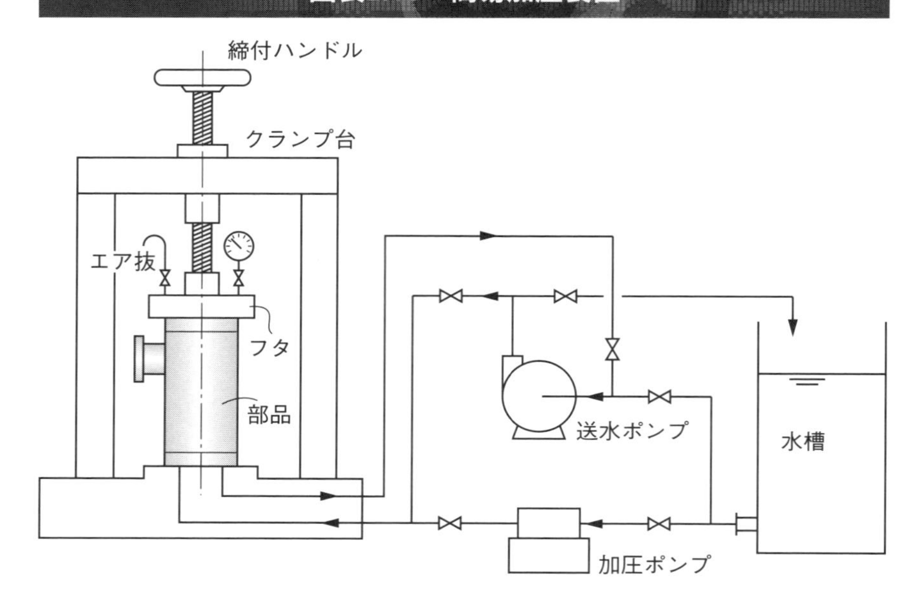

図表2.11　系統図法による着想

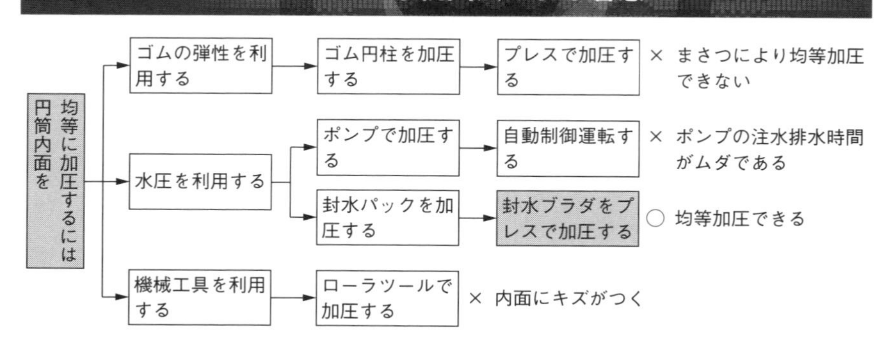

装置の単なる自動化はしない方式とします。

こうして、「注水・排水をせずに水圧をかけるにはどうすればよいか」と考えることになります。少し考えれば水枕を思い出し、水をパック詰めにする案を思いつくでしょう。封水パックそのものを出し入れすれば注水・排水はワンタッチで完了し、エア抜きもいりません（**図表2.12**）。

図表2.12　封水パックによる加圧

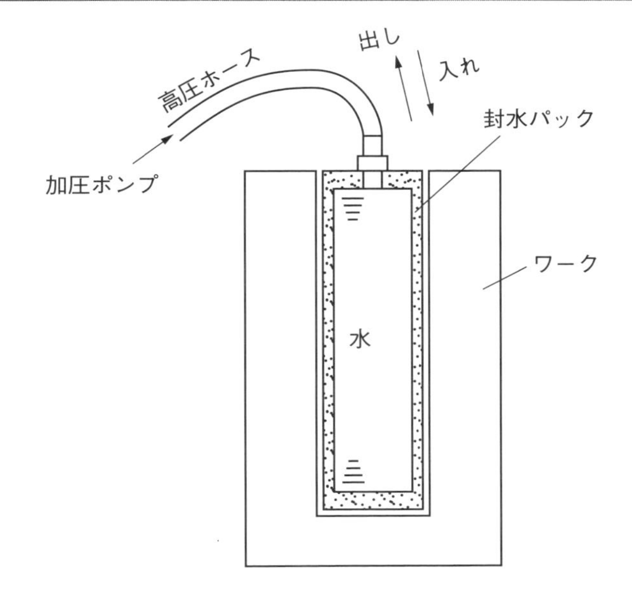

しかし、実際に水を昇圧するには、封水パックにホースを接続して、高圧ポンプに連結しなければなりません。ワーク内への封水パックの出し入れは容易でも、硬い高圧ホース付きでは作業しにくくなります。そこで、「ホースなしで封水パックを加圧するにはどうすればよいか」と考えることになります。

しばらく考え悩んだあと、ホースで高圧水を送り込まなくても、パックそのものを押せば封水は昇圧することに気が付きます。つまり、パック内の水はパスカルの法則*により、押された圧力を均等に内部のあらゆる方向へ伝達するからです。そこでゴム製の封水ブラダを製作し、圧力と加圧時間を設定できる専用油圧プレス機を発注しました。作業者はプレス台上へワークを載せこみ、プレス内へ押し込んで、「加圧」スイッチを押せば、油圧シリンダが下降して加圧し、設定時間だけ保持して油圧シリンダが上昇します（**図表2.13**）。

このように作業が単純化されたので、未熟練者でもこの工程を担当できるよう

＊　パスカルの法則　閉鎖系において、1点に作用した圧力は、すべての方向に同じ圧力として伝わるという法則。

図表2.13　ホースなしブラダ

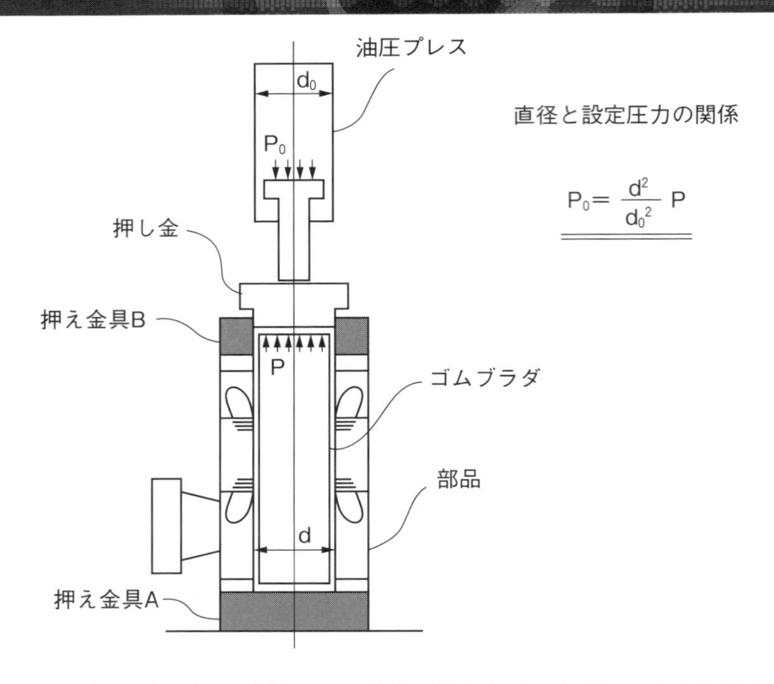

になりました。所要時間は従来の150秒が50秒となり、自動加圧中は作業者は前後工程の作業をかけ持ちしています（**図表2.14**）。

四方山話　3現主義

生産改善運動などで3現主義がよく言われます。それは「現場」「現物」「現実」のことで、抽象的観念論でなく、現実に即して具体的に考えなさいということです。

これは設計にもそのままあてはまることで、文書や図面でこうだからと思い込むと進展しないことがあります。なぜなら、文書や図面には伝えられる情報に限りがあるからです。現場へ出て作業者の意見を聞き、現物を見ると、音や振動、熱、においなど五感に訴える生の情報が得られます。そこで第六感のインスピレーションが沸いてくることもあります。パソコン画面や、会議で得る情報のほかに足で稼ぐ情報があるのです。

図表2.14　内面加圧機

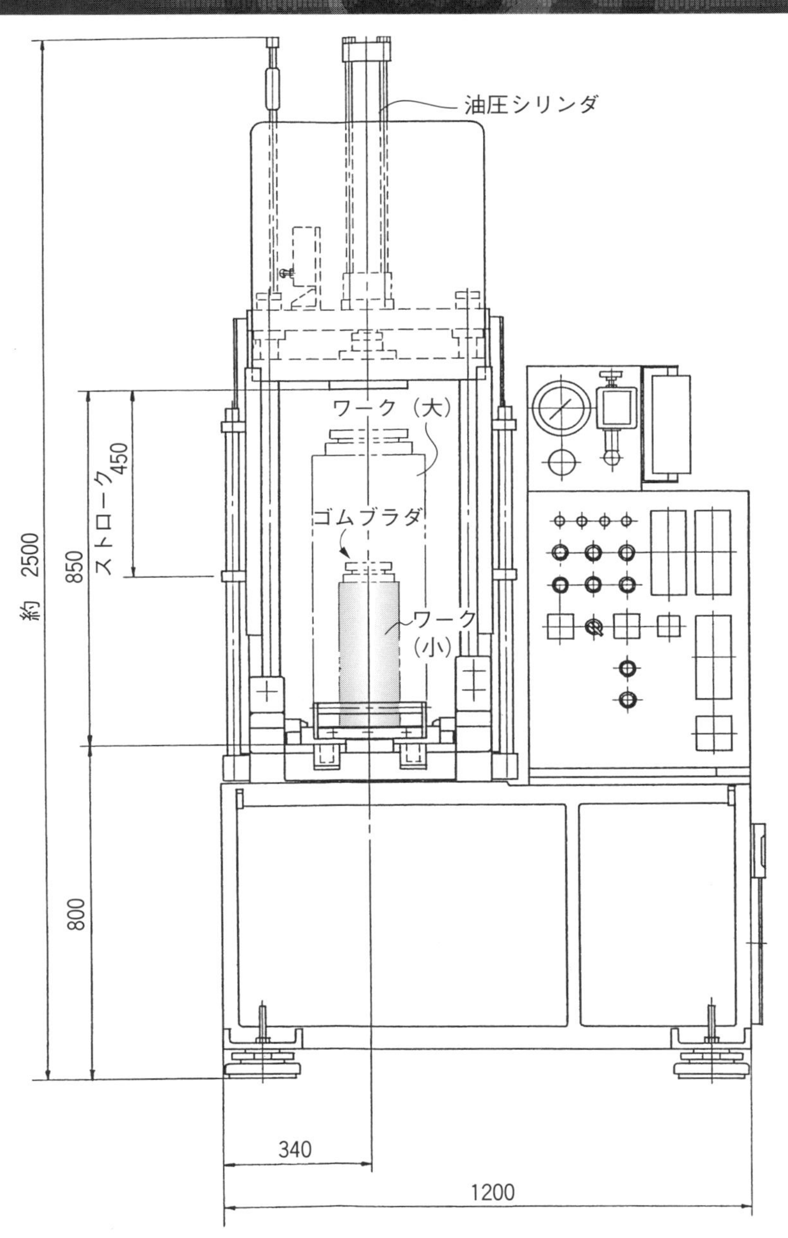

2-2 機構の選択

高度の信頼性と正確さで動く機械には、どのような機構があるのでしょうか。機構は、どのように選択し組み合わせればよいのでしょうか。その選択基準について考えてみましょう。

機構と対偶

機構学によれば、「機構とは複数の抵抗性のある部材からなり、その一つを固定したとき、他がこれに対して限定的な運動をする部材の組み合わせをいう」と定義されます。1－1節の「機械の定義」に似ていますが、これから考えると「機械とは機構の集合によって有効な仕事をなすもの」と言い換えられます。

また、たがいに接触して一定の限定運動をする2つの部材を機素といい、限定

図表2.15　限定対偶の種類

限定対偶
- 面対偶
  - すべり対偶
  - 回り対偶
  - ねじ対偶
- 線・点対偶

的に運動する形態を対偶といいます。対偶には往復と回転運動など複数の運動ができる形態と、１種類の運動しかできない形態（限定対偶）があります（**図表2.15**）。

このようにみると、機構の種類としては無限にあるわけではないということがわかります。さらに、機械の運動の種類としては**図表2.16**のように、回転運動、直線運動、球面運動、らせん運動の４種類しかないことがわかります。

機構も運動も限られた数しかありませんが、それを組み合わせた動きは無限です。そこで必要な動きを実現するために設計者が独創力を発揮する余地が大きいのです。

四方山話　ハートカムは等速運動

「従動節に等速運動を与えるカムの形状を書きなさい」という問題が、ある資格試験の技術問題に出題されたことがあります。答えは「ハートカム」なのですが、筆者の場合、上司がよく口にしていたおかげで正解でき、拾いものの得点をすることができました。

ところで、ピストンを等速で前進させると、流量の変動しない往復動ポンプができるはずです。これについてハート形歯車でピストンを駆動させる方式の特許出願を検討したのですが、タッチの差で先願があり、断念したことがあります。

ハートカムは意外と使える機構ですが、この機会にカムやリンクをはじめとする機構学についてもおさらいをしておくとよいでしょう。

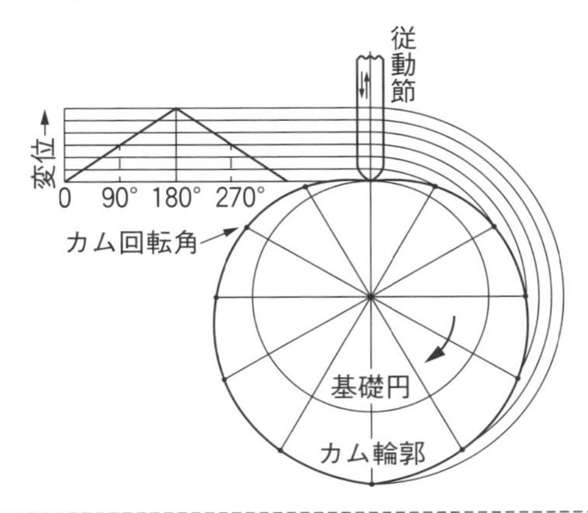

図表2.16　運動の種類

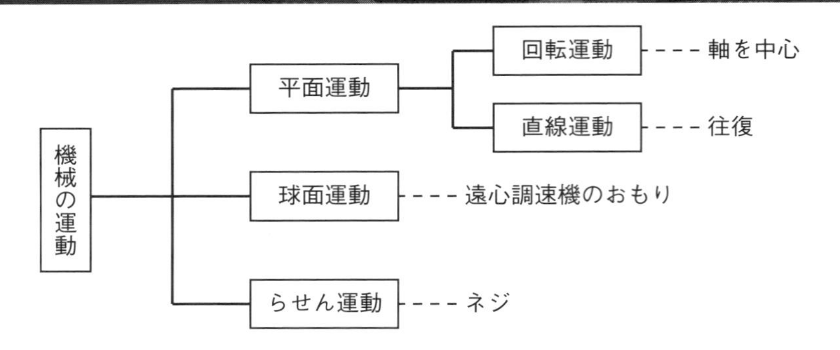

設計のパターン

機械の設計では、例えばこの機構はこのように組み、このようにおさめるというパターンがあります。そして、この部分のゆるみ止めはこのようにするなどという定石があります。最初は企業の実績機械や類似機械から学び、一度使ったらそこで覚えてしまいましょう。

例えばJIS B 0001「機械製図」の図28に簡単な機構の断面図があります。これは断面図の断面のしかたについて説明した図ですが、機構の構成の基本を示した図でもあります（**図表2.17**）。

機構としては右のカップリングから回転を受けて、左の歯車に伝える「回転軸受台」とでもいう部分です。左から右でもかまいません。この中には、軸、軸受、ハウジング（本体）からピン、キー、ビスなど機械要素が多く含まれ、その取り付け法がわかるようになっています。

ところで、書道に「永字八法」があります。「永」という字には、書に必要な8種類の筆づかいの基本がすべて含まれています（**図表2.18**）。

この回転軸受台の図も、機械要素の基本が含まれています。いわば機械における「永字八法」であり、トレースしてでも身に付けたい基本です。第8章の設計事例「旋回ユニット組立図」も、機構のおさめ方のモデルとして参考になります。

機械は運動することによって効用を得られるのですから、その運動を支える軸

図表2.17　回転軸受台

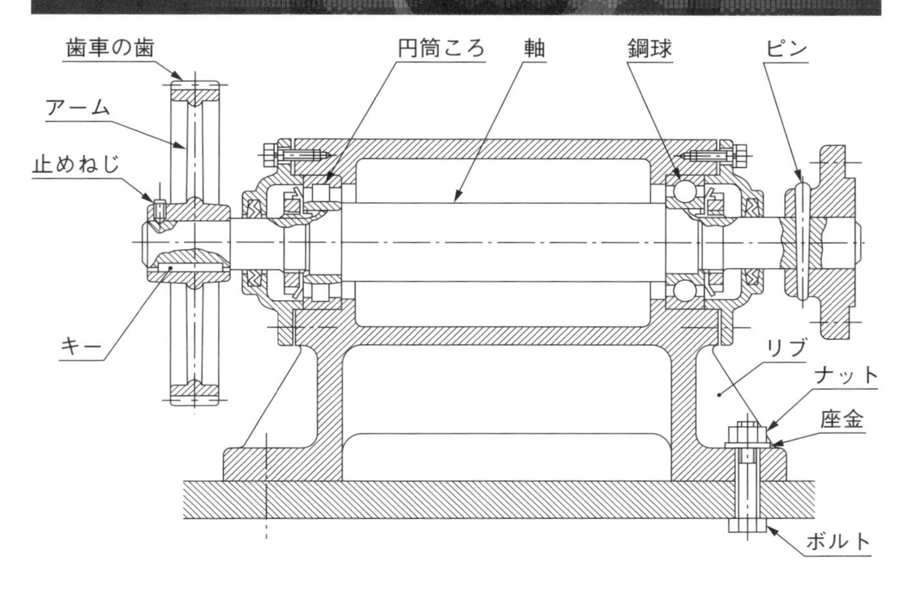

図表2.18　永字八法

受が重要です。運動は回転と往復が大部分ですから、これを受ける軸受のおさめ方が設計の原点であるといえます。軸受の使用法については第４章で学びます。

以上は設計一般に共通する定石の話ですが、これ以外にも企業によって製品のノウハウとして、「この機械にはこのパターン」という設計の定石があります。なかには、これをモディファイして設計するという定石から、中身は絶対に触ってはいけないブラックボックス的な定石もあるでしょう。

前者は誤りなく応用できるようにし、後者は折りをみて中身を勉強しておいたほうが、のちの開発や改造に役立つはずです。

機構の選択基準

設計問題の解決案は複数案出てくるもので、どの案にするか迷うものです。一般的には、コスト、加工／組立性、運転操作、保守／修理を考慮して決めます。経験的には、次のようなことも考えて選択するとよいでしょう。

①実績のないものより、実績のあるもの。

②複雑なものより、簡潔なもの。（凝ったもの・考えすぎたものは危険）

③市販部品やメーカー標準品を活用する。（メーカーは実績がある）

④使用条件を考慮する。（温度・水滴・粉塵）

⑤メカで解決するか、電気電子品を採用するかの判断。（メカトロニクス）

2–3 簡易機構の構想演習

実際の機械設計の構想は、どのように進めるものなのでしょうか。ここでは簡単な事例で演習してみましょう。

3K作業の人離し

鋼板をロール曲げしてパイプ状とし、継目をアーク溶接する工程がありました。溶接部の盛りあがった溶接ビードは後工程の支障となるので、ハンドグラインダで研削して平滑にしていました。しかし、この研削作業は騒音と粉塵がひどく、持つ手に振動が大きい3K作業でした。作業者は耳栓とマスク・防塵めがねを着けて、タオルを首に巻き軍手をはめての重装備でした。このつらい作業を解消するためには、どのような機械を設計すればよいでしょうか（**図表2.19**）。

図表2.19　ビード取り作業

解決案の模索

この問題の解決にあたり、以前米国コロラド州のあるメーカーに打ち合わせに行ったときに見たうまいアイデアを思い出しました。やはりハンドグラインダの研削作業でしたが、自動送りをかけて人離しをしていたのです。このアイデアをちょうだいしてグラインダを台上に固定し、パイプをシリンダかチェーンで自動の送りをかければよいと着想します（**図表2.20**）。

でも、これでは騒音と粉塵の問題が残るので、解消とはいえません。騒音と粉塵のない静かなビード削りはできないかと考えをめぐらせます。

機構の検討

ビード削除はエンドミルでの切削とすれば、研削のような騒音や粉塵は出ません。それでは、エンドミルを回転させる方式はどうするか、検討します。油圧モータ駆動にすればコンパクトで、ワーククランプと送りを油圧にまとめられるメリットがあるので、油圧とすることにします（**図表2.21**）。もちろん、減速機付き電動機でもよいですし、エアモータで切削するという案も可能です。しかし、

図表2.20　工具の半自動化

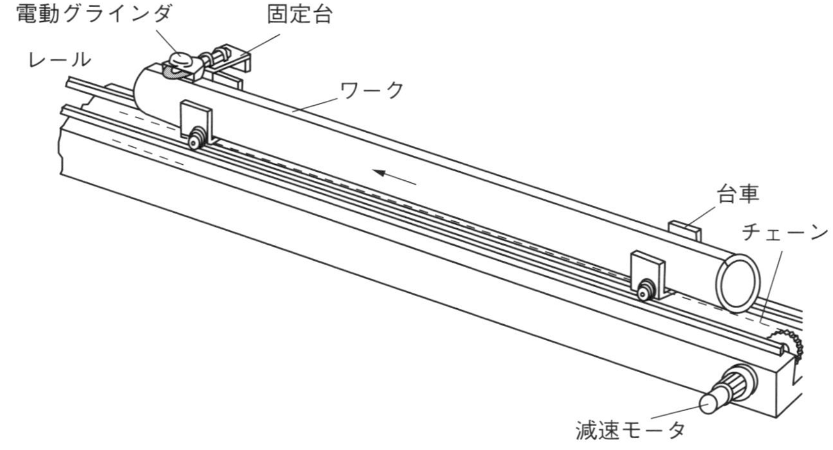

エアモータは高速で、かつトルクが小さいので減速比を大きくする必要がありますから、減速機を含めた駆動部が大きくなります。

実際に使用する工場の得意不得意があれば、それを考慮して電動、油圧、空圧いずれかを選択してもよいわけです。

次に送り方式ですが、**図表2.22**のようにツールを送る方式とワークを送る方式の2通りがあります。

ツール送り方式だと、ツール送り機構を上部構造に組み込むので、剛性を持たせなければなりません。ワーク送り方式は受台を台車で移動する方式で、ツールは上部に固定しておくだけですみます。しかし、機械の作業スペースが最大ワークの2倍は必要になります。省スペースのために、ツール送り方式を選択することにします。

送り機構には、シリンダ送りとネジ送りが考えられます（**図表2.23**）。

油圧シリンダは、メータアウトで油量を絞って、遅い送りをかけることは可能ですが、シリンダ長さの2倍のスペースが必要になります。ネジ送りは、油圧モ

図表2.21　エンドミル切削

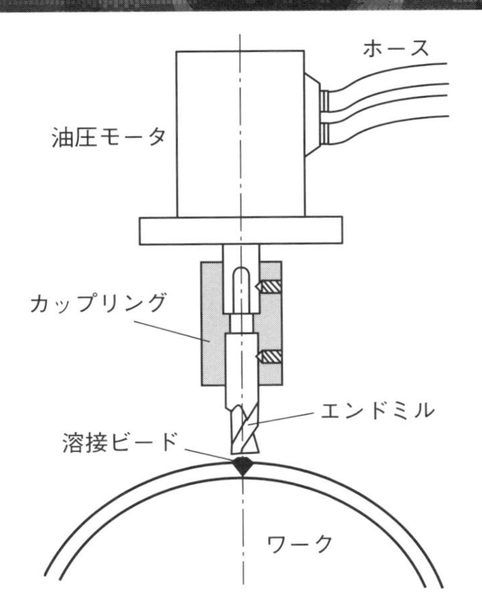

図表2.22　送り方式

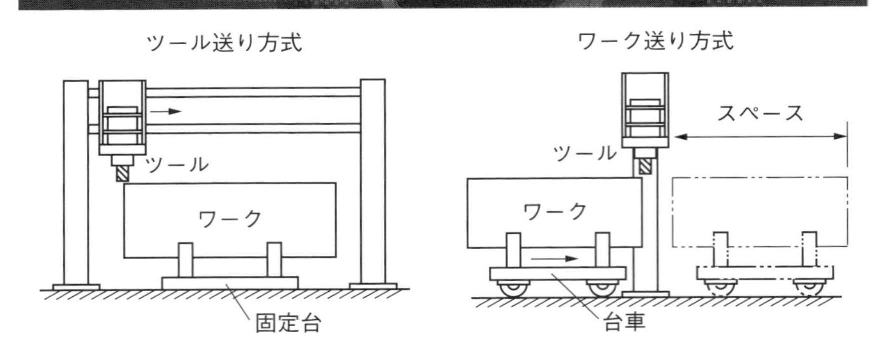

図表2.23　送り機構

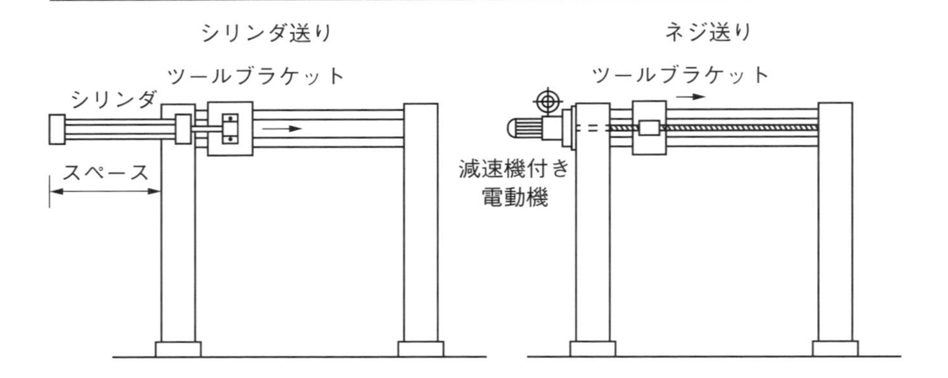

ータであればシリンダのスペースは不要ですが、油圧モータでは高級すぎるようです。送りネジを可変速式減速機付き電動機で回せば、送り速度をハンドル操作で任意に設定できます。省スペースのためにこの方式を選択してみましょう。

ワーククランプは、直径方向にクランプする方式と、軸方向（長手方向）にクランプする方式が可能です（**図表2.24**）。パイプ状のワークを載せこむ作業のしやすさから考えると中腰にならずにすむ、軸方向のクランプがよいでしょう。ワークをV受台に載せクランプシリンダで、長手方向にクランプする方式を選択してみます。

図表2.24　クランプ方式

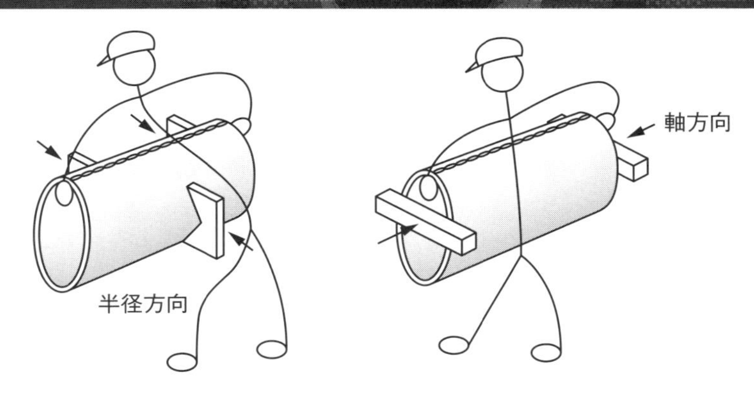

この程度の簡単な構造であれば、設計アプローチや系統図でチエを絞ることもありませんが、大まかにはこのような考えで機構を選択していきます。

計画図の評価

構想案を比較検討して最適案を選択し、組み合わせて、具体的な計画図ができます。できあがった全体計画図は、**図表2.25**を参照下さい。

各部の複数案の選択結果を表にまとめると、**図表2.26**のようになります。このケースは比較的簡単な構造ですから、この選択が絶対ということではなく、いずれの案でも可能と思われます。

一般に設計では、いく通りもの選択が可能ですから、設計者が変われば設計も変わります。しかし、前節の「機構の選択基準」は人によりさほど変わりませんから、ベテラン設計者になれば同じような設計になると考えられます。

なお、この計画図では油圧モータやハンドル、ガイドレールやガイドシャフト、ロックハンドルにいたるまで市販のメーカー標準品を取り入れており、市販品にないものを新規設計で製作するようにしています。市販品を活用することはコスト・納期の改善のために大切な考え方です。

図表2.25　全体計画図

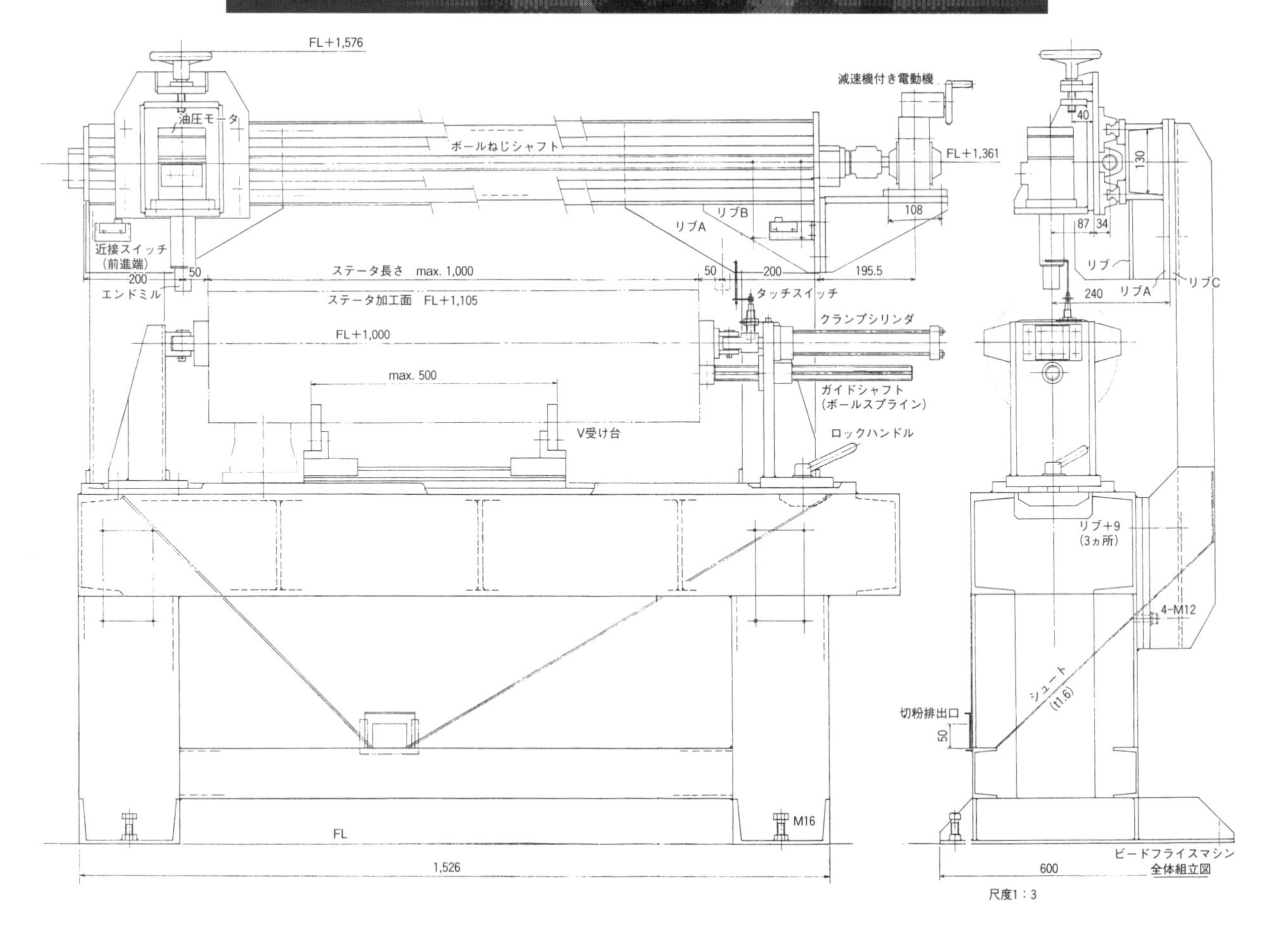

FL＋1,576
減速機付き電動機
油圧モータ
ボールねじシャフト
FL＋1,361
リブB
リブA
108
近接スイッチ
(前進端)
200
50
ステータ長さ　max. 1,000
50
200
195.5
エンドミル
タッチスイッチ
ステータ加工面　FL＋1,105
クランプシリンダ
FL＋1,000
max. 500
ガイドシャフト
(ボールスプライン)
V受け台
ロックハンドル
M16
FL
1,526
40
130
87
34
リブ
リブC
240
リブA
リブ＋9
(3ヵ所)
4-M12
シュート
(t1.6)
切粉排出口
50
600
ビードフライスマシン
全体組立図
尺度1：3

図表2.26　方式の選択

方式	選択肢	特長	問題点
ツール駆動	油圧モータ	コンパクト	油圧ユニットが必要 ホースさばきがやっかい
	電動機	—	減速機付でやや大きい。
	エアモータ	—	騒音が大きい。 減速機付きで大型になる。
送り方式	ツール送り	—	送り機構が大きくなる。
	ワーク送り	ツール固定は容易	ワーク移動のスペースが必要
送り機構	ネジ送り	コンパクト	防塵対策が必要
	シリンダ送り	油圧でまとめられる	シリンダストロークのスペースが必要
ワーククランプ	直径方向	—	作業しにくい（ぎっくり腰になる）
	軸方向	のせこみやすい	—

網かけ　選択案

設計のポイント

この計画図の作成にあたり、考慮したのは次のような点です。

●ワークはA（小型）、B（中型）、C（大型）、D（特大）の４機種あり、V受台を取り替えて迅速に段取替えできるようにする。ビード面をトップにして載せこんだ場合に、その床からの高さは作業しやすい一定の高さとする（FL＋1,105）。

●油圧モータにエンドミルをセットした刃物高さは、ビード切削が適正な削りしろとなるように設計するが、切削時に刃物高さをチェックして、取り付けブラケットをハンドルで上下に移動して、削りしろを加減できるようにする。

●ツール取り付けブラケットの前進端・後退端は、近接スイッチで検出して停止する。なお、左から右へツールが移動して切削が終わると、ツールをタッチスイッチで検知して停止し、前進端まで空切削で移動することのないようにする。

●ワーククランプは、ワークの長さに応じてクランプブラケットを前後に移動する。このためにロックハンドルをゆるめて移動し、適正な位置でロックする。このときクランプ押し板がふらつかないように、ボールスプラインのガイドシャフトでガイドする。

●ネジ部は粉塵環境ではないものの、切粉防止のため蛇腹やカバーを取り付けて保護する。

●本体は形鋼の溶接構造とし、質量10kgから70kgのワークを載せこむ作業のしやすい高さとして、内部には切粉を集める勾配をつけ、排出口を設ける。

使用方法（動作説明）

作業者はワークをV受台へ乗せこみ、ビード面が真上になるように置きます。次に「クランプ」の押しボタンを押すと、クランプシリンダが前進します。作業者はクランプ完了を確認して、「切削」の押しボタンを押すと、エンドミルが回転し、ツールが前進して自動切削が開始されます。さらに切削前進端で自動停止し、ツール回転停止、ツール戻り、ワーククランプゆるめまで自動で進行します。

作業者は３K作業から解放されても、自動切削を見守るのではなく、前後工程を受け持って作業効率を上げることができます。このような簡易な半自動機を１人の作業者がいくつもかけ持ちすることにより、高い人件費を有効に利用し、原価低減をはかります。

2-4 電極の位置決め構想例

熟練工でなければ溶接できない溶接を自動化するには、どのような溶接機を設計すればよいでしょうか。これは第 8 章の課題ですが、ここではそのうち、溶接の電極位置決めの機構について取り上げ、構想の展開のしかたを学びましょう。

薄肉円筒の溶接

厚さ0.3mmの薄肉円筒を厚板フランジに溶接する工程があります。材質はともにSUS304で、アルゴンガスによるTIG溶接です（**図表2.27**）。

これまでは、熟練工が**図表2.28**のような溶接回転台にワークを載せて、遮光防護具を通して溶け具合を見ながら、調整ネジを回して電極位置を微調整していました。薄肉ですから電極が0.1mmでもずれると均等な溶融が得られず、溶接不

図表2.27　薄肉円筒溶接

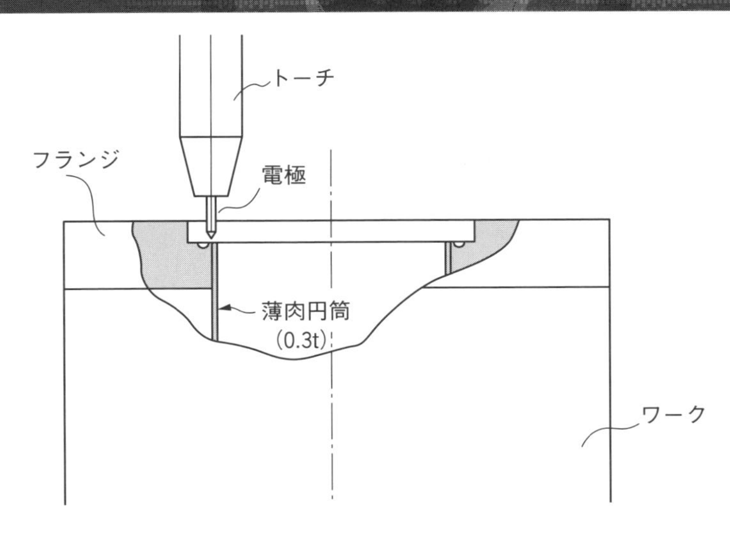

図表2.28　溶接回転台

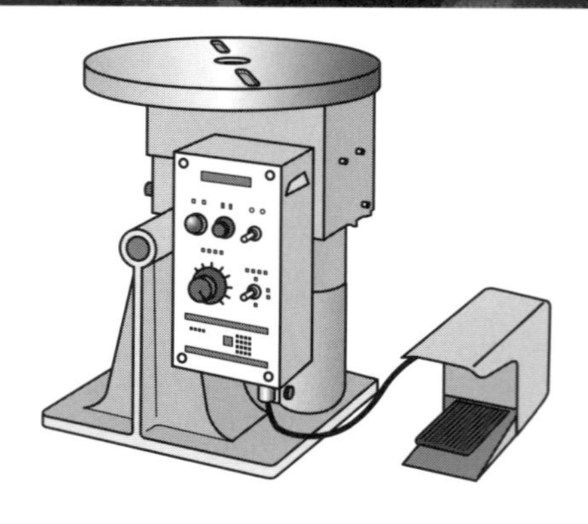

良となります。熟練工がいないとラインの流れが止まってしまいます。熟練工はもうすぐ定年退社するので、自動溶接機の製作が必要になりました。

電極の位置決め機構

薄肉溶接が良品となるためには、電極は薄肉円筒とフランジの境目に位置していること、回転してもフレは±0.05mm以内であることが必要です。それを実現するためにはどうするか、設計アプローチで考えることになります。

図表2.29のような系統図で構想を展開していくと、解が得られます。このケースでは解は１個で追求していったので、系統樹にはならずフローになりましたが、

図表2.29　構想の展開

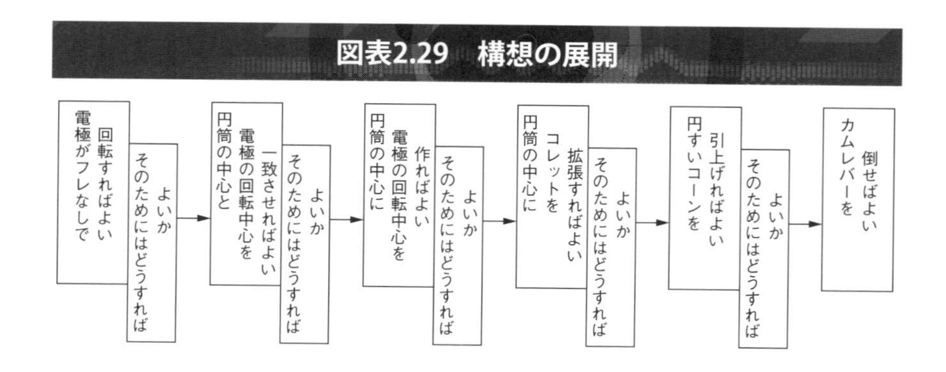

図表2.30　電極位置決めの構想（ポンチ絵）

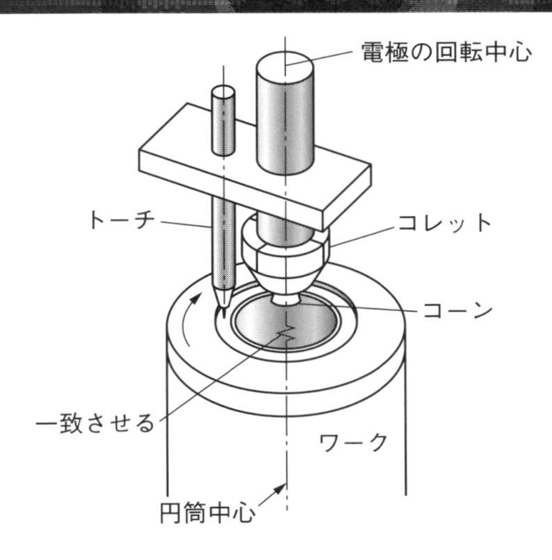

複列で解を網羅していけばもっとよい設計が得られる可能性はあります。

これをポンチ絵で書いた構想図は**図表2.30**のようになります。

さらに、これを計画図としたものが**図表2.31**です。この機械は市販の自動回転溶接装置のトーチ部をこのように改造したのですが、全体の設計については第８章で検討します。

図表2.31　トーチまわり計画図

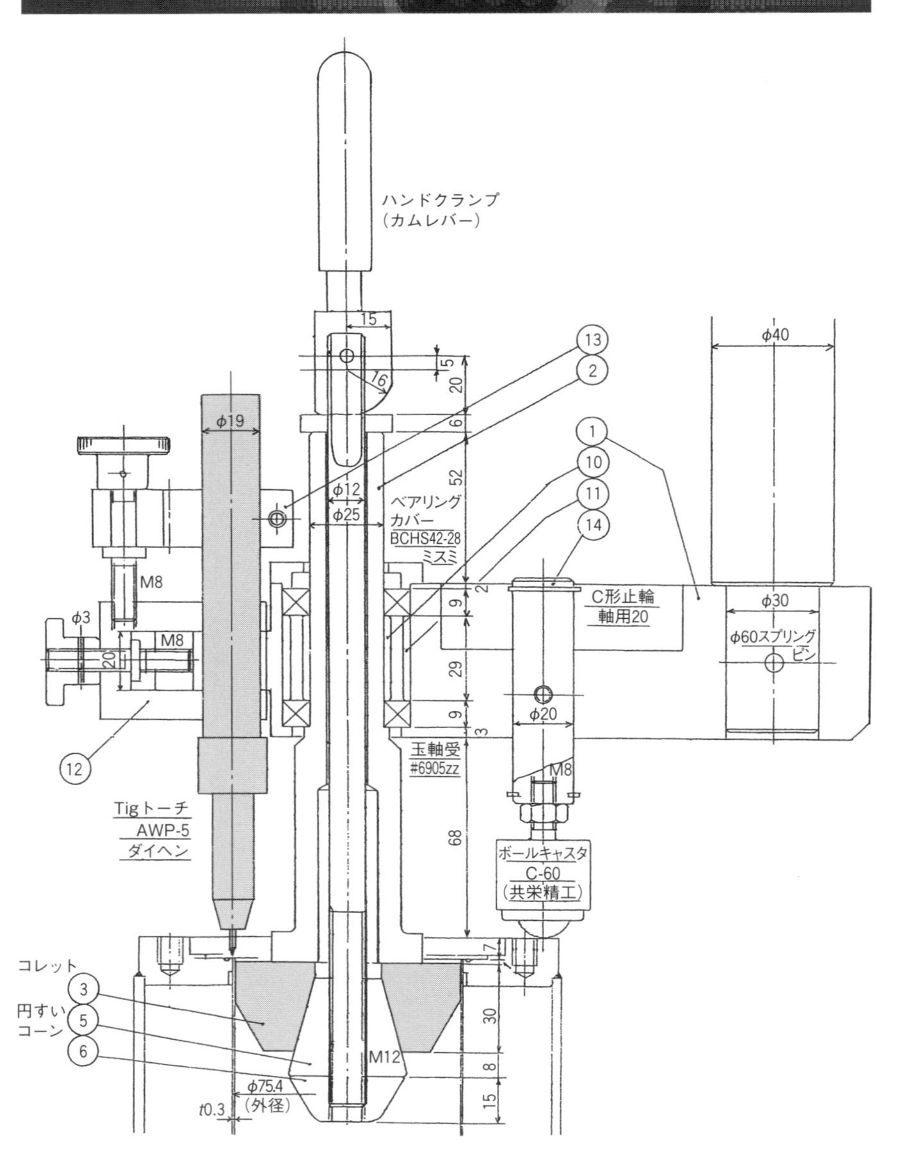

第3章

組立図の書き方

◆機械の構想が決まったら、機械の詳細図を書きますが、構造の詳細を示す組立図はどのような手順で書くのでしょうか。製造原価の8割は設計で決まると言われますが、組立図は機械製作の基本を決める重要な図面です。本章では、組立図作成の基本的な考え方について学びましょう。

3-1
部分組立図を書くには

機械の全体構想がまとまったら、機能別にいくつかのグループに分け、グループごとに部分組立図を書きます。そして、各部分組立図を再構成して全体組立図を書き、矛盾がないか点検します。

全体構想図の分割

部分組立図を書くためにはまず、手書きのポンチ絵や概略構想の外形図をいくつかのグループに分割します。ワーク搬入部、加工部、搬出部、本体架台部など、必要によってはハンドリング部、ギアボックス部など、機能的・空間的なまとまりで分割するのです。

図表3.1は、1－2節で仕様概要をみた高圧水によるクランクシャフト洗浄機で、加工研磨後のワークをトランスファー方式で自動洗浄する機械です。第1ステーションは全体洗浄、第2ステーションはきり穴洗浄、第3ステーションはエアブロー工程で、リフト＆キャリー方式で送られます。グループとしてはAからHまで8区分として、部分組立図を書けば、全体の計画が完了します。

最重要部から書く

家を建てる場合は基礎から造作しますが、機械はベースから書くのか、上部から書くのか、初心のうちは迷います。分割したいくつかの部分のうち、どれから書くかというと、最重要部分からです。つまり、機械が加工をする部分、すなわち仕事をする部分から書き始めるのです。

その理由は、最重要部分に優先的に空間を配分して、全体のおさまりを決めていくためです。図面に書くということは、機械各部の空間の占有を宣言することであり、重要な機能を果たす部分には最も有利な位置を割り付けなければなりま

図表3.1 構想図の分割

区分	ユニット名称	備考
A	ワーク受けユニット	姿勢決め含む
B	ワーク移送ユニット	上下動、90°旋回
C	ワークハンドリングユニット	（マニュピュレータ）
D	ワーククランプユニット	3セット　洗浄工程
E	トランスファリフトユニット	上下ストローク200 mm
F	ドア開閉ユニット	3セット
G	トランスファーユニット	前後移動ストローク800 mm
H	ワーク搬出ユニット	向こう側へ

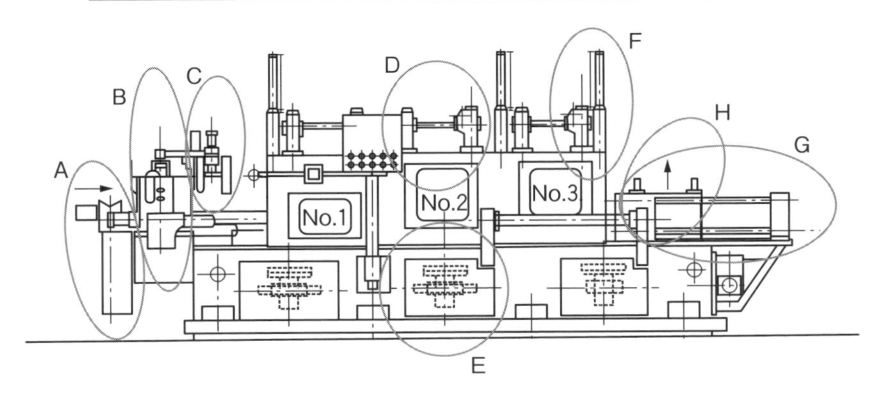

せん。順序を考えないで計画すると、仕事をする部分を無理な形におさめなければならなくなり、主客転倒となります。

例えば前章の自動溶接装置では、溶接トーチ部の組立図をまず書き、それを取り付ける機器まわりはその次に書くという手順になります。旋盤であれば、ワークと刃物台、チャック回りから書くということになります。

中心線から書く

初心のうちはドラフタに向かっても、あれこれと機構を思い悩み、腕組みして時間ばかり過ぎていきます。頭の中で考えているだけでは「下手の考え休むに似

図表3.2　中心線を引く

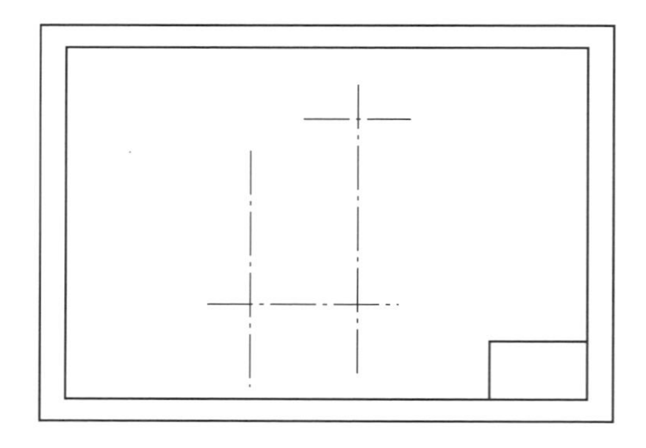

たり」となりますから、手を動かして書き進めることです。手を動かしているうちに脳も活発に働き始めます。暗算をしていないで、図として形に表わし、具体化しつつ固めていきます。

書いているうちに間違いに気付いたり、もっとよい考えが出たら、書き直せばよいのです。CADであれば消去は簡単ですが、手書き図面であれば、はじめは修正しやすいように薄く鉛筆書きして、納得したら濃く書けばよいのです。

図面上どこに何を書くか、配置を決めたら、二次元の図面であればまず、中心線を引いてスタートします（**図表3.2**）。

現寸で書く

部分組立図は感じをつかむために通常、現寸で書きます。やむを得ず縮尺とするときは、重要部だけでも現寸で書いてみたほうがよいでしょう。人間の直感はかなり正確な判断ができるもので、このシャフトは少し細いとか、この板は薄すぎるなどという判断は縮尺ではできません。

図表3.3は現寸と縮尺1/2との比較ですが、面積で1/4になると実感がつかめないことがわかります。もちろん要所は強度計算なりで裏付けをしますが、バランスをみるためには現寸がよいわけです。

現在はCAD図面が主流ですから、バランスをみるとき、印刷するときは現寸

図表3.3　現寸と縮尺

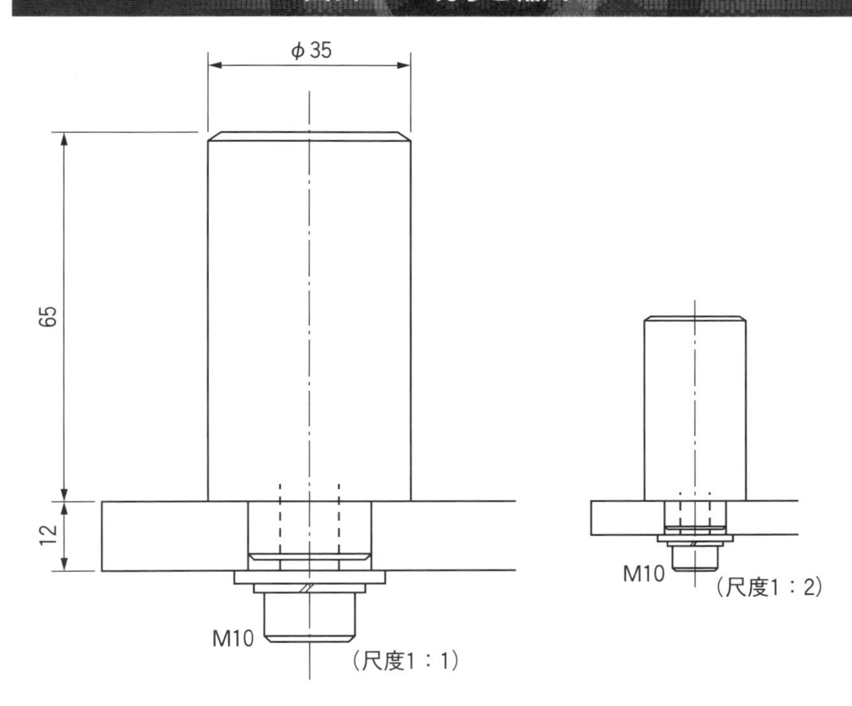

で表示できますが、手書き図面では部分組立図の縮尺は避けましょう。

四方山話　「いそがばまわれ」

大きな機械になると、A0サイズのロール紙で何枚も組立図を書くこともあります。はみ出す部分があれば、わかりきった図でもキチンと組立図に表しておかないと、見込みで進めては組み立てで干渉したり、逆向きだったり、手配漏れしたりという設計ミスのもとになります。設計段階のわずかな手間を惜しんで設計ミスになると、ものができてから手直しすることになり、何倍ものコストと時間の損失を招きます。

寸法記入の注意点

部分組立図では、寸法は部品間の関係寸法のみを入れます。部品と部品の中心間距離やはめあい寸法のみで、部品単品の他と関係のない寸法は記入しません。それは部品図に入れる詳細情報ですから、部分組立図には最小限必要な寸法にとどめ、チェックしやすくします。複数の部品の関係寸法ですから、1か所でも訂正すると関係する部品図はすべて変更しなければなりません。したがって部分組立図は、部品図作成に入る前に十分に検図することが必要です。

なお、寸法に一部でもnot scaleがあると干渉したり、カバーが外せない、手が入らないなどという不都合が起きやすくなります。CAD図であれば乱尺による不都合は起きにくいのですが、手書き図ではまさに、乱尺恐るべしです。

計算違いや構想の変更で寸法を変えるときは、安易にアンダーラインを引いて数字だけを直すのではなく、変更部を消して書き直すくらいの余裕は持ちたいものです。根本的な設計変更は時間をかけてでもつぶしておかないと、物ができたあとでの変更は大きな損失につながります。

部分組立図へのおさめ方

それでは具体的にどのように部品を組み合わせて部分組立図を書くかというと、41ページの「回転軸受台」や235ページの「旋回ユニット組立図」のように、必要な機能を持つ各部品を配置していきます。それには個々の部品のおさめ方を知らないと書けないということになります。

なかでも軸受の取り付け方は基本であり、軸受をうまく書けないと思うような設計ができません。ピローブロックなどできあいの軸受ユニットは組み込みや潤滑防塵などの軸受設計を意識せずに使用でき、経済的なので、まずこれを検討します（**図表3.4**）。しかし、軸受ユニットはパターンが決まっていますから、これだけですまそうとすると無理な機構になります。自在な設計をするには、軸受をはじめ、機械要素の使い方を知らなければならないのです。

図表3.4　軸受ユニット

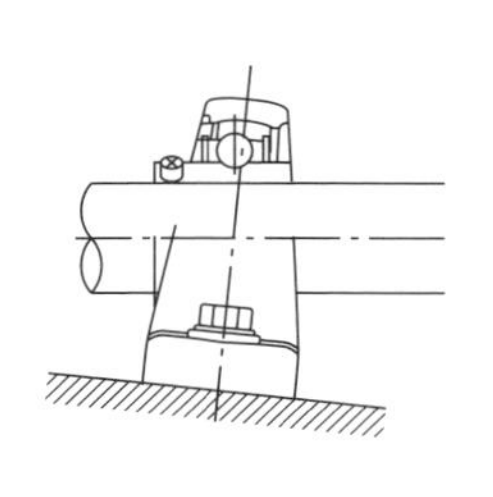

(a)　ピロー型ユニット

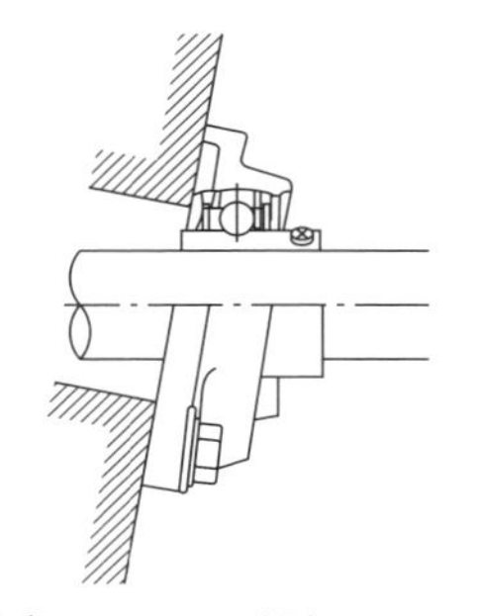

(b)　フランジ型ユニット

四方山話　**知らないものは設計できない**

ある人が簡単な機械を設計しました。横型の回転軸を持つ機械でしたが、よく見ると左右の軸受にはスラスト玉軸受が使われています。スラスト玉軸受はラジアル荷重を受け持てないので、回転部の自重がかかる横軸には単独では使用できません。

この人はすべり軸受しか使用した経験がなかったので、このような失敗をしたのです。平面座スラスト玉軸受が一体でなく 3 つの部分に分離する構造であることを現物で知っていれば、誤りはしなかったでしょう。

全体組立図への総合

部分組立図がすべて完了したら、これらを再構成して全体組立図を書きます。各部の取り合いや干渉、書き漏れや矛盾がないか、作動、操作、保守など全体的な確認をします。この目的を果たせるなら、寸法尺度は現寸でなくても、必要に応じて縮尺としてもよいわけです。

部分組立図で詳細検討を進めると当初の全体構想図とずれてくることがありますが、当初案にこだわる必要はありません。それは計画よりもよくなっていることであり、よくすることが設計の目的なのです。

四方山話　無在庫生産システム

乗用車のエンジン組立工場のクランクシャフトラインでは、加工するワークが受け入れシュートに５個並ぶと「フルワーク」として、前工程を自動停止させます。これはその工程で工程間仕掛りが必要以上に滞留しないように、必要な量以上は加工しないからです。ラインでこれですから、原材料や半製品、完成品の在庫は、ほとんど持ちません。無在庫生産方式というわけです。

米国の技術提携企業の工場へ出かけたとき、巨大な倉庫に膨大な原材料・部品・製品の在庫を保管していました。彼らがリーン*生産方式と名付けたトヨタ生産方式をはじめて知ったときは、大変なカルチャー・ショックを受けたことと思います。

自動車工場では、朝、鋳物を吹いたエンジンブロックが、夕方には完成車となって走行検査しているほどリードタイムが短いのですが、新車は発注後１か月待ちです。それは、販売契約した車から生産計画に組み込んでも、予約がいっぱいで順番待ちになるからです。このように売れてから生産着手するのですが、新車納品時の支払いは小切手や振込でなく現金引換といううらやましい営業をしています。

在庫を持つと財務上では貸借対照表の資産として計上されますが、これは買掛金や借入金でまかなったものですから、負債も増えています。損益計算書では期首在庫より期末在庫が増えれば利益が大きくなる計算なのですが、実際に売れていないものを利益とするのはおかしいのです。在庫品が錆びたり、流行遅れや設計変更になってスクラップとなるリスクの方が大きいのですから、在庫は悪とする考えに変わってきています。

＊　リーン（lean）　やせた、の意味

3-2 溶接構造を取り入れよう

製作台数が多くなければ、鋳造よりも溶接構造とするほうが有利になります。鋳物では、木型が必要、納期が長い、ロットにまとまらないと鋳物に吹けない、都市部での工場立地が難しく工場が遠いなどの難点があります。設計自由度があり、小ロットに適する溶接構造を学んで、設計に取り入れましょう。

溶接設計の全般的注意事項

溶接は強度があり、締結部品も不要になることから、何でも一体化して溶接する構造にしてしまいやすいものです。しかし、一体構造では機械加工や組立分解が困難になることはないか、考えながら必要最小限の溶接構造を設計しなければなりません。例えば、内部の溶接個所に溶接棒が届かないというようなことは、設計者の恥です。また、小物をあれこれ取り付けると機械加工もやりにくくなりますから、取り付け座のみ溶接しボルト取り付けとするのが原則です。

2－2節の「機構の選択基準」で述べたように、溶接構造の検討もコスト・加工／組立性・運転操作・保守／修理を考慮して決めます。

材料取りの工夫

溶接部材は鋼材を切り出してそろえますが、なるべく少ない材料として溶接作業を減らし、十分な剛性を持たせる設計を心がけます。

鋼材の切り出しには、ガス切断やシャーリングで素材を切断しますが、切断箇所を少なくするためには鋼板や形鋼をうまく使うことです。切断箇所を減らせば切断工数と切断部のグラインダー仕上げが減り、スクラップ（端材）が減り、溶接長さも減って原価低減ができ、溶接部の不適合も減るということになります。溶断部や溶接部が減れば、ガスや溶接棒などの溶接資材も減少し、さらに原価低

図表3.5　ブラケットの材料取り

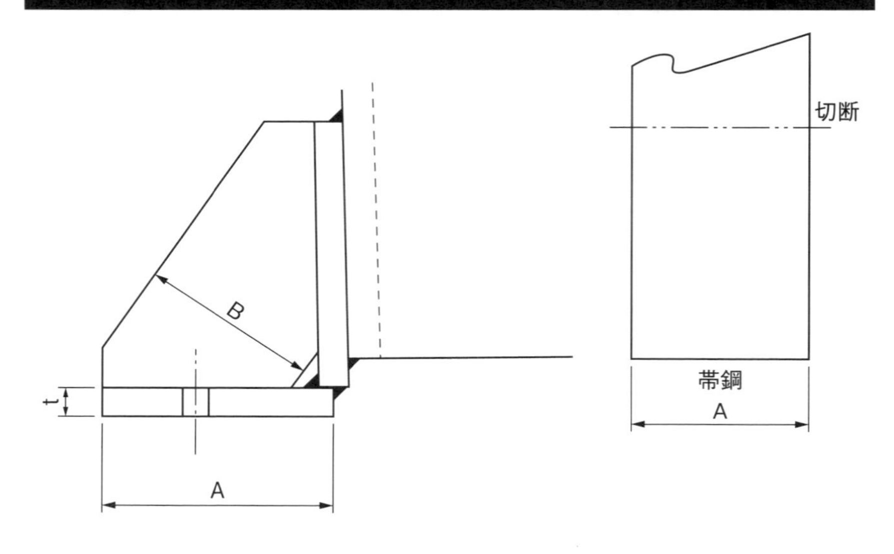

減にきいてきます。

例えば**図表3.5**のようなブラケットを設計するとき、寸法Aを帯鋼の鋼材規格寸法にとると、材料取りは帯鋼のワンカットですみます。リブの幅Bも同様に帯鋼の幅に合わせて決めれば、切断工数が節約されます。鋼板からこの部材を切り出すと、全周をガス溶断して、グラインダでバリ取りをして仕上げなければなりません。

鋼材親格の標準寸法

前項のようにうまい材料取りをするためには、鋼材規格の標準寸法を知らなくてはなりません。よく使う寸法はすぐに覚えるものですが、そのたびに規格表を開いているようでは時間の無駄です。使用頻度の高い鋼材寸法は、自分でメモを作るなりして覚えましょう。

鋼材には鋼板、鋼管、角形鋼管、形鋼、丸棒、帯鋼、六角棒材などがあります。例えば鋼板では圧延の厚さの規格があり、縦横の定尺が決められています。規格

図表3.6　市販性のある鋼材方法

厚さ	3×6	4×8	5×10	4×16	5×20
	914×1829	1219×2438	1524×3048	1219×4877	1524×6090
3.2	○	○	○	○	○
4.5	○	○	○	○	○
6	○	○	○	○	○
9	○	○	○	○	○
12	○	○	○	○	○
16	○	○	○	○	○

(a)　鋼板の寸法

厚さ	幅									
	25	32	38	44	50	65	75	90	100	125
4.5	○	○	○	○	○					
6	○	○	○	○	○	○	○	○	○	○
9	○	○	○	○	○	○	○	○	○	○
12	○	○	○	○	○	○	○	○	○	○
16	○	○	○	○	○	○	○	○	○	○
19			○	○	○	○	○	○	○	○
22					○	○	○	○	○	○
25										

(b)　帯鋼の寸法

に規定されていても鋼材店に在庫のない鋼板は買えませんから、市販性のあるサイズを使用しましょう。市販性のある寸法例を**図表3.6**に示します。

板厚に端数があるのはインチから換算したためであり、縦横寸法はフィートから換算したので、きれいな数字になっていません。定尺寸法は３×６（さぶろく）、４×８（しはち）、５×10（ごとう）などとよんでいます。なお、ステンレス鋼の鋼材規格は、端数のないきれいな寸法で規定されています。

帯鋼についても、厚さと幅の規格を知っていればうまい材料取りができるのです。形鋼については、山形鋼（アングル）、溝形鋼（チャンネル）、H形鋼、I形鋼などがあります。よく使う寸法としては、アングルL50×50×５、L65×65×６、チャンネル［100×50×５などがあります。寸法表は省略しますが、鋼材店のカタログなどで寸法や在庫を確認するとよいでしょう。

通常、架台などの構造に使用する鋼材は一般構造用圧延鋼材（Rolled Steel fo General Structure）で、熱間圧延して表面は黒皮といわれる酸化膜で覆われています。これに対して、冷間圧延はみがきといわれ、光沢のある表面を持っています。また、機械部品によく使用されるのは機械構造用鋼（Carbon Steel for Machine Structure）です。

よく使われる鋼材を**図表3.7**のようにまとめてみました。

図表3.7　よく使用される鋼材

名　称	JIS 記号（例）	特　徴	用　途
一般構造用圧延鋼材	SS400	信頼性はあまり問題にならない用途に使用される。	一般機械、構造物など
溶接構造用圧延鋼材	SM400	炭素含有量を0.2％以下に抑え溶接性を改善。	橋梁、建築物、船舶などの大型構造物。
機械構造用炭素鋼	S45C	キルド鋼から作るので信頼性が高い。	ボルト／ナット、キー、ピン、シャフト、レバー、小物部品
機械構造用合金鋼	SMn420H SCM420H SNC415H SNCM420H	合金元素を添付して強靭性焼入性をもたせた。	強力ボルト、歯車、軸、クランク軸

すみ肉溶接に持っていく

溶接部材を接合する継手には大別して、突き合わせ溶接とすみ肉溶接があります（**図表3.8**）。突き合わせ溶接はグラインダーやフライス盤で開先加工が必要になり、開先に肉盛りをする溶接技能が必要です。一方、すみ肉溶接では開先加工が不要で、溶接も比較的容易です。ですから、衝撃や繰り返し荷重などの厳しい使用条件でなく、開先などの指定がなければ、なるべくすみ肉溶接を指定するよ

図表3.8　溶接法の比較

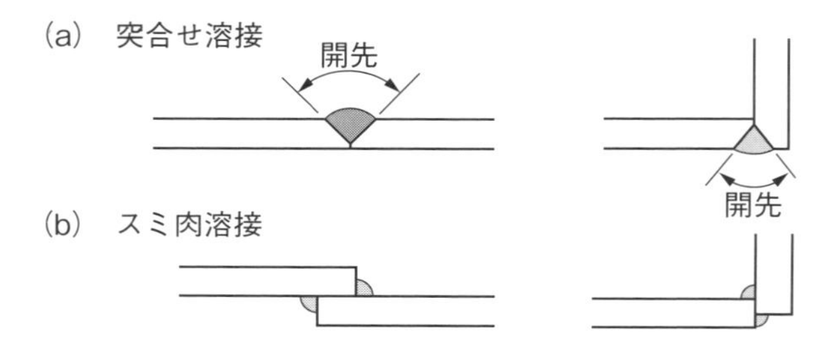

うにします。

部材は位置決めしやすく

溶接部材の溶接にはあらかじめ、点付け溶接で何個所か仮付けしてから、本付け溶接をします。このとき、直角や平行を出すために溶接工は1か所点付けして直角をにらんでは叩きを繰り返します。

そこで、位置決めや直角度にあるていどの精度が欲しい場合には、**図表3.9**(b)のように丸棒に段を付け、穴に差し込みの設計とすると、前加工は増えますが、早く正確に溶接ができます。

図表3.9　溶接部材の位置決め

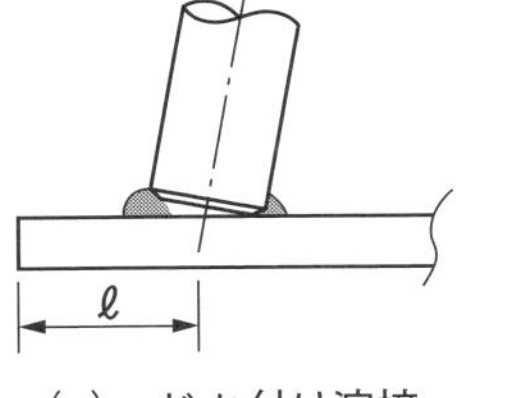

(a)　じか付け溶接

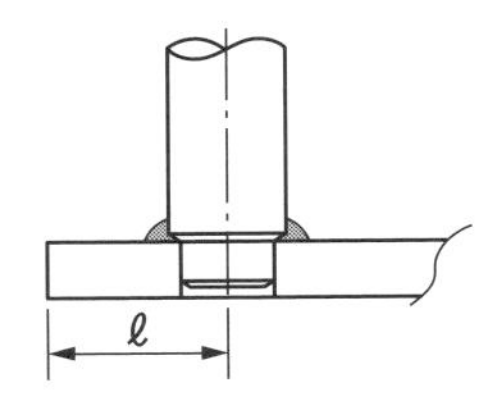

(b)　さし込み溶接

二番を重ねない

溶接部は高温にさらされるため、炭素が析出して炭素鋼の組織が変質し、強度や耐食性が劣化します。とくに溶接線が重なることを二番が重なるといい、これを避ける工夫がなされています。

例えば、塔槽類では鋼板の溶接線が十文字にクロスしないようにずらしてT字になるようにします。また、溶接線にラグなどの付属物の溶接線が重なるときは、一部を切り欠いて二番を回避します（**図表3.10**）。

図表3.10　塔槽類の溶接線

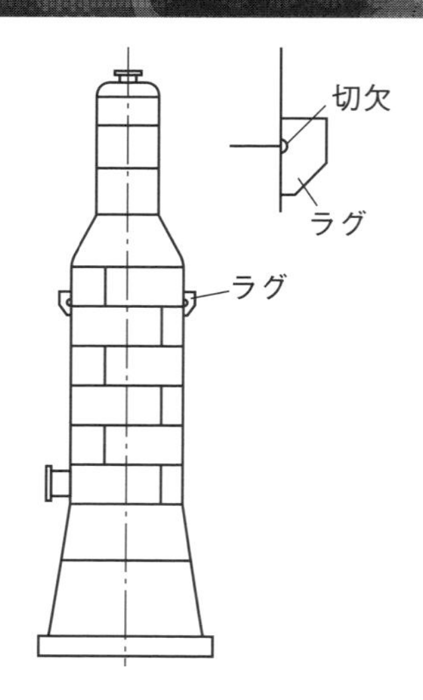

溶接部品の機械加工

溶接構造では精密な寸法出しや位置決めはできないので、機械加工で精度を確保することになります。溶接部品を機械にかけて加工するとき、剛性不足だとビビリが発生します。ビビると粗さも公差も得られないので、現場では山形鋼をはすに仮付けしたりして、仕上げてしまうことがあります。しかし、加工後かすがいを外すと部品はひずみ、精度は失われてしまいます。

したがって、溶接部品には機械加工の剛性が必要ですから、新規設計の部品で実績がなければ、多少重くなっても頑丈に設計しておいたほうが問題ないといえます。鋼材はキロ140円で材料費の増加は少なくても、加工に手間をかけると高くついてしまいます。

リブで剛性向上をはかる

リブとは「ひれ」という意味ですが、部品にリブを入れることにより剛性が高まり、結果として軽量設計ができます。剛性を示す断面係数Zは、高さhの二乗

図表3.11 リブの設計例

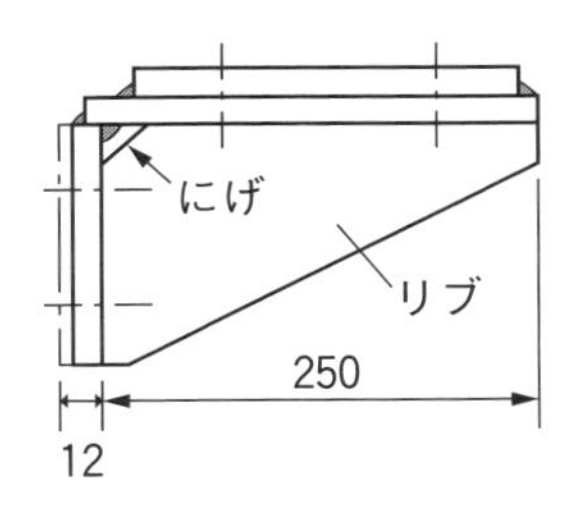

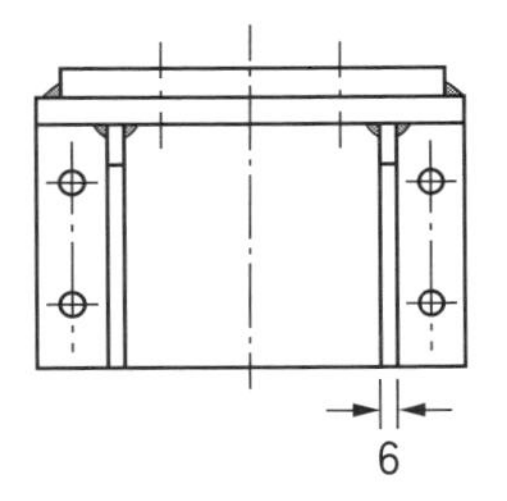

に比例しますから、縦にリブを入れればよいことになります。

$$Z=\frac{bh^2}{6}$$

一般に材料は引張よりも圧縮に強いので、リブは圧縮側に入れます。部材のどちら側が圧縮かを考えないと、逆になることがあります。

なお、リブの溶接では角部を逃がし、溶接の二番が重ならないようにします。リブの角部は強度的にはほとんど貢献していないものです。

次のリブでは、左側面が取り付け面なので機械加工しますが、素材選定では削りしろを含めた板厚選定をします。この例では12mmの素材を選び、10mmに仕上げる計画としています。削りしろは溶接ひずみを除去して正確な平面を得られる最小限の削りしろとします。板厚 6 mmのリブは削らないので、6 mmの黒皮のママとします（**図表3.11**）。

プレス加工を併用する

溶接部品の一部に**図表3.12**のブラケットのように、曲げ加工を併用することもあります。溶接を減らしたい、二番を避けたい、加工硬化による剛性を求めたい場合などです。**図表3.13**コラムは、(a)は溶接箇所が 4 箇所に対して(b)は曲げ加工が必要ですが半分ですみます。このタイプのコラムは最近のマンションの鉄骨主柱によく使われるようです。

図表3.14は高速回転機のベースで、高周波の共振を避けるため主柱を曲げ加工

図表3.12　プレス溶接品

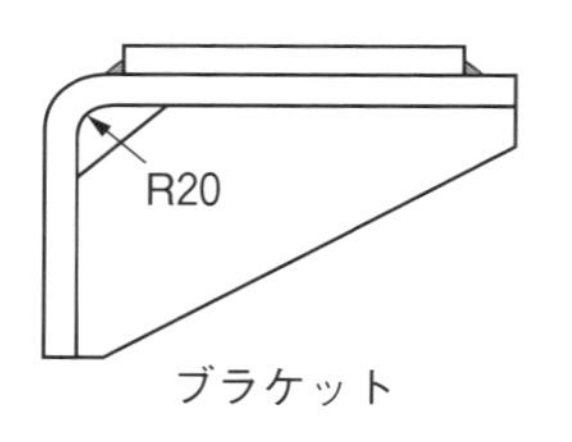

ブラケット

図表3.13　コラムの溶接

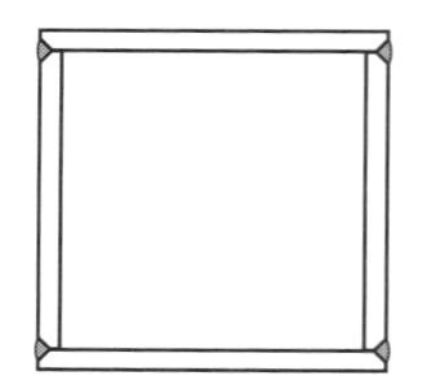

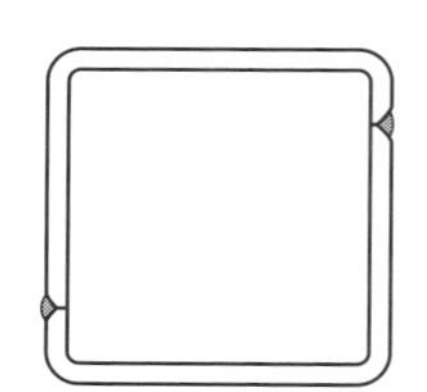

（a）　鋼板溶接　　（b）　曲げ材溶接

図表3.14　ベース設計例

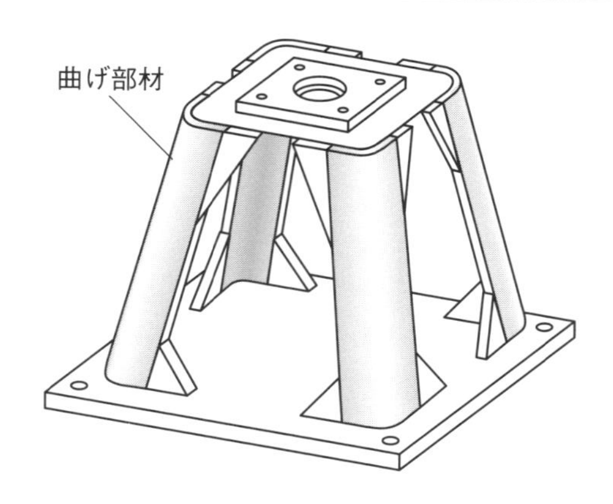

した例です。

形鋼の使用法

ベースやフレームなどの溶接構造物の設計で形鋼を使用するとき、刃を見せるなといわれます。これは、**図表3.15**(a)のように刃を外に向けると刃が閉じた構造にならず、開いたままの形鋼は曲げ・ねじりに弱くなるからです。

これに対して図表3.15(b)のように内側に向けると開きがなくなり、剛性の高い設計になります。やむを得ず外に向けるときは、図表3.15(c)のようにリブか張り板を入れて開きを抑えます。

図表3.15　形鋼の使用法

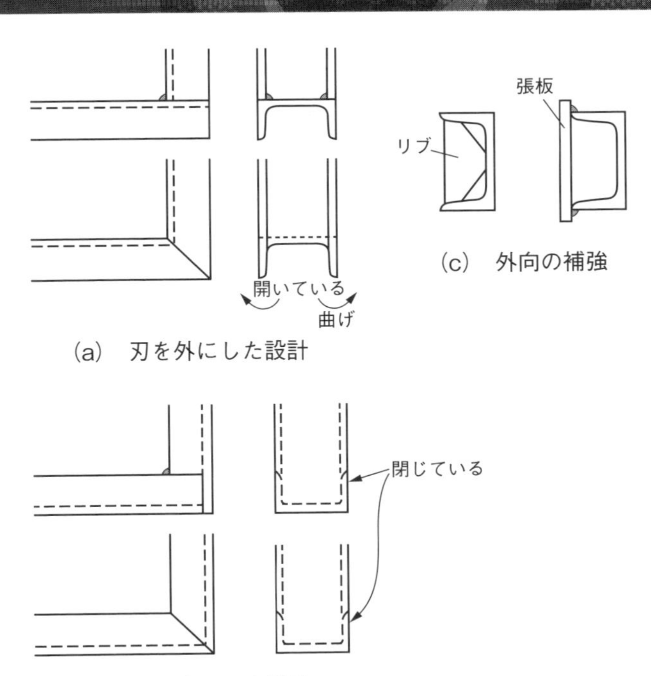

(a)　刃を外にした設計

(b)　刃を内にした設計

(c)　外向の補強

3-3 市販部品の活用

機械はユニットからボルト・ピンにいたるまで、さまざまな部品で構成されていますが、これらを組立図に書き込むには、その寸法がわかっていなければなりません。各種のユニットや多様な部品がメーカーにて販売されていますので、うまいものをうまく使うことが原価低減の秘訣となります。

市販部品の種類

電動機やシリンダ、ボルトなどを内作していては、価格や納期は数倍もかかり、品質も心配です。部品メーカーでは製作実績もあり、品質・価格・納期ともに妥当なものが選択できます。

購入品は、**図表3.16**のように要素部品とユニット製品に分けられます。標準品はカタログなどで購入できますが、特殊仕様品は仕様書を書いて発注することになり、納期もかかることになります。

最近ではシャフトやベアリングカバー、シリンダ取り付け座やリミットスイッチのドッグやブラケットなど、以前は部品図を書いて製作しなければならなかった準標準品を製作・納入するメーカーが出てきました。寸法・形状などのバリエ

図表3.16　購入品の種類

	標準品	選定資料
要素部品	ボルトナット、ピン、キー、止め輪、軸継手、歯車、ベルト、プーリ、軸受、オイルシール、Oリング	メーカーカタログ（JIS規格）
ユニット製品	電動機、減速機、シリンダ、油圧ポンプ、油圧弁、給油機	メーカーカタログ、仕様書（メーカー規格）

ーションをコードにより指定して、FAXで依頼すれば宅配便で届けてくれる部品のコンビニです。例えば、焼き入れ研磨したシャフトでも発注後1週間で納入されます。

組立図への織り込み

必要なユニットや部品を組立図に書き込むには、品質・価格・納期を確認して選定し、寸法がわかっていなければなりません。メーカーカタログなどを参照して、取り付け部のボルトサイズやピッチを図面に書き込んでいくことになります。このように専門メーカーのユニットや部品をうまく採用して設計することにより、製作期間の短縮、品質の安定、原価低減をはかることができ、保守部品の入手にも有利となります。

このように、機械の設計においてはなるべく市販部品を利用して、購入できない部品を製作するという考えになります。しかし、機能上やスペース上、市販の標準品では不十分な場合は、図面を書いて内作するか、メーカーに発注することになります。

3-4 安全への配慮

機械をうっかり誤操作して破損したり、人身事故になっては大変です。オペレーターや周辺の作業者、ひいては近隣住民の安全を図るために、機械設計にはどのような配慮が必要でしょうか。

機械の安全設計

鋼板のロール曲げ機やシェアリングマシンは、**図表3.17**のように、挿入口に安全バーを渡して、指が入らないようになっています。

カップリングなど回転部分には突起を作らないのがよいのですが、やむをえない場合はカバーをかけて危険を防止します。とくに危険な部分のカバーであれば、カバーを外している間は起動しないようにインターロックをとるのがよいでしょう。

インターロックとは、始動時は制御回路上で安全を含む起動条件が満たされた

図表3.17　ロール曲げ機の安全バー

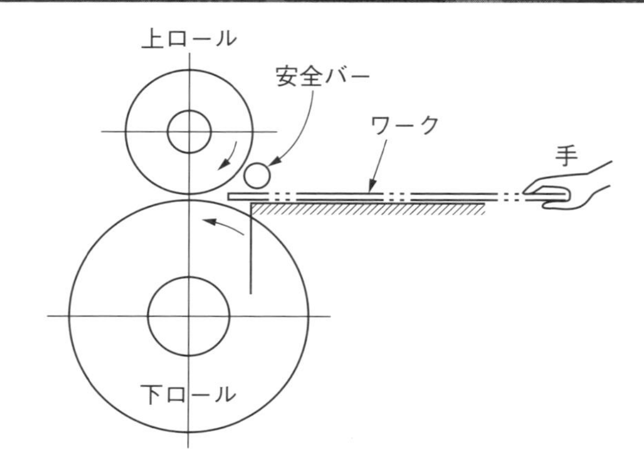

ときでないと起動できず、運転時は安全を含む運転条件が失われたときに停止する制御です。前者は安全確認型、後者は危険検出型といいます。

また、プレス機では左右の起動ボタンを両手で同時に押さないとラムが作動しないようにして、危険を防止しています。ロボットは周囲の防護柵の扉が開いていたり、動作範囲内のマット上に人がいると起動しないようにインターロックがとられています。NC加工機は正面のカバーが開いていると起動しませんし、加工中にカバーを開けると加工は停止します。NC加工機の加工中に誤って「チャックゆるめ」のボタンを押しても、ワークが飛んで事故にならないように無効にしています。

このように機械的な安全対策と電気的な安全対策がありますが、万全のためにはダブルで設計するのがよいと考えられます。

電気的な安全対策については、どのようなインターロックをとるか計画立案して、電気設計部門に依頼することになります。

四方山話　**フェールセーフとは**

石油ストーブは転倒すると自動的にプレートが移動して、炎を遮断する構造になっています。電車はレール上に異状があると自動停止しますし、化学プラントは一部に不都合が検出されると即時全体停止するようになっています。このように大きな被害を避けるために機能を停止させることをフェールセーフ（Fail Safe：安全側に停止）といいます。フェールセーフでは、異状を検出するセンサが故障した場合でも機械を止めてしまうという考え方をします。

適用法規への対応

プレス機やシェアリングマシンなどの安全については、労働安全衛生法の労働安全衛生規則に詳細が規定されています。作業者や周辺の危険防止のために定められている各種の法令規則の一部を、**図表3.18**にまとめてみました。

設計者はその機械にどの法規が適用されるかをよく知って設計しなければならなりません。適用法規の規定を知らないとか、改定を知らなかったといっても、

図表3.18　産業安全関係法令（抜すい）

<table>
<tr><th colspan="2">法　令</th><th>省令・規則・告示</th><th>所管官庁</th></tr>
<tr><td rowspan="2">労働安全衛生法</td><td>特定機械</td><td>ボイラ構造規格
圧力容器構造規格</td><td rowspan="2">厚生労働省</td></tr>
<tr><td>安全</td><td>プレス機械又はシャーの安全装置構造規格
電気機械器具防爆構造規格
動力プレス機械構造規格</td></tr>
<tr><td colspan="2">高圧ガス保安法</td><td>一般高圧ガス保安規則
液化石油ガス保安規則
特定設備検査規則
冷凍保安規則</td><td rowspan="3">経済産業省</td></tr>
<tr><td colspan="2">電気事業法</td><td>電気工作物の技術基準</td></tr>
<tr><td colspan="2">ガス事業法</td><td>ガス工作物の技術基準</td></tr>
<tr><td colspan="2">消防法</td><td>危険物取扱規則</td><td>消防庁</td></tr>
</table>

責任はまぬかれず、設計者としての過失になります。

3-5 設計上の留意点

部分組立図は、機械設計の基本を決定するものです。部品図作成の注意点とは違った上位レベルの留意点にはどのようなものがあるか、考えてみましょう。

コストへの配慮

原価低減についてはこれまでも、材料取りのコツや工数低減の秘訣について述べてきました。部品図は材料や加工の詳細を決定しますが、組立図はさらにその上流で基本を計画し、原価をコントロールするものです。

例えば往復台をラック・ピニオンで駆動して移動する機構を検討します。しかし別案を考えてみると、送り速度や位置精度がさほど要求されない部分であれば、より安価なチェーン駆動にしてもよいわけです。

図表3.19に、往復台の側面にチェーンを貼り付けてスプロケットで駆動する機構の例を示しました。設計定石や慣行にとらわれて過剰品質に陥ることのないよ

図表3.19　チェーンによる送り機構

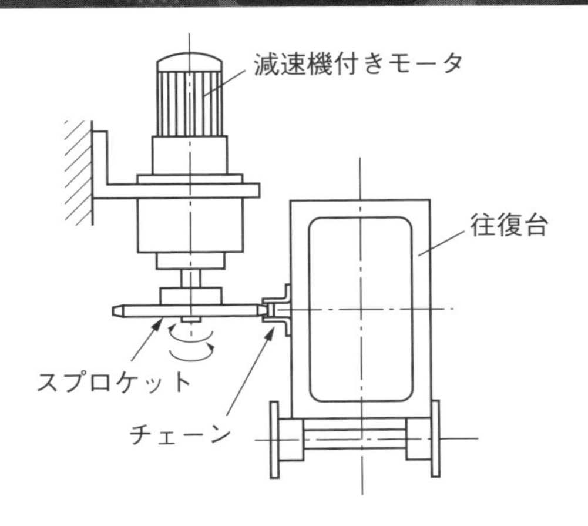

うに見直すことも、ときには必要なのです。

原価低減の考え方については第７章を参照下さい。

三次元で考える

ドラフタ上または２次元CADで図面を書く場合、機構はどうしても平面に展開しがちです。構造を縦・横に枝葉が伸びるように広げてしまうのですが、実は紙面の上や裏にも空間があって、そこに展開すればもっとよい設計になることがあります。つまり平面にとらわれて、空間的な発想ができにくいということです。

例えば、ワイヤ掛けしてクレーンで移動していた重量金型にころを取り付けて、自在に動けるように改造したいとします。すぐに思いつくのは、ブラケットを横に張り出してローラを取り付ける第１案です（**図表3.20**）。

しかし、ローラは一方向しか移動できないので、この案は採用できません。そこで、ボールコロといううまいものを見つけて取り付ければ、どの方向でも自在に片手で移動できます。

しかし、図表3.20の第２案では単価１万円のボールコロが８個必要で、８万円もかかるうえ、左右別々に移動するので２回の作業になってしまいます。普通はここで妥協して設計に入るのですが、「待てよ」と現場に出かけ現物を眺めると、空間が見えてくるのです。そこで図表3.20第３案は、金型底面にレール受を溶接し、２本のレールに金型を載せ、レールにボールころを取り付ける構造とします。

この設計では金型の移動は１回ですみ、コロは４個で間にあうことになります。ですから、うまい案が出ないときはこの設計は平面にとらわれていないか、空間を活用しているか振り返ってみるとよいでしょう。

その部分は組み立てられるか？

複雑な機構を夢中になって設計していると、つい組み立てまでは気が回らないものです。機能ばかり追求していると組み立てできない構造となってしまうことがあるので、常にこの部分は組み立てられるかをチェックしながら書いていかなければなりません。

図表3.20　移動金型

第1案

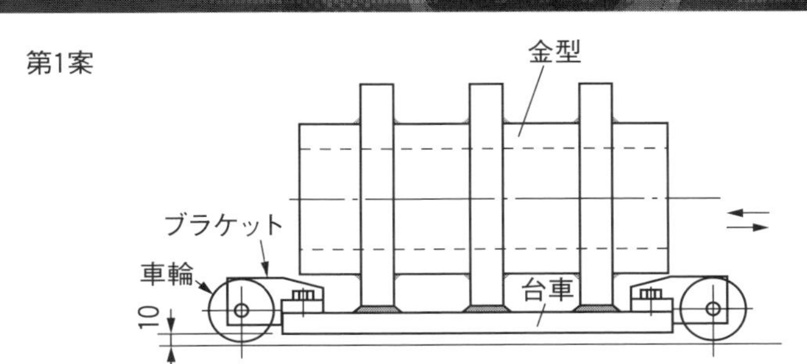

第2案

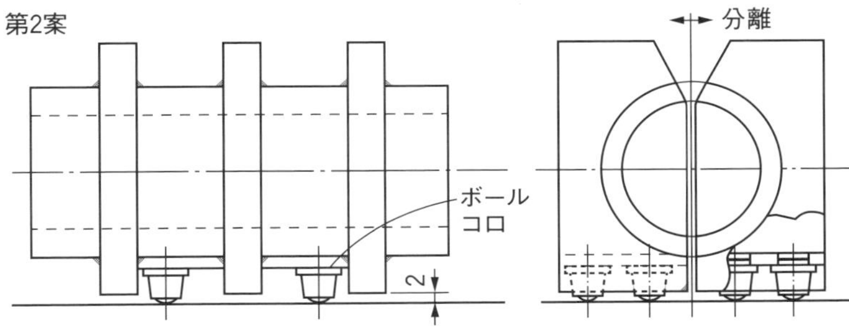

第3案

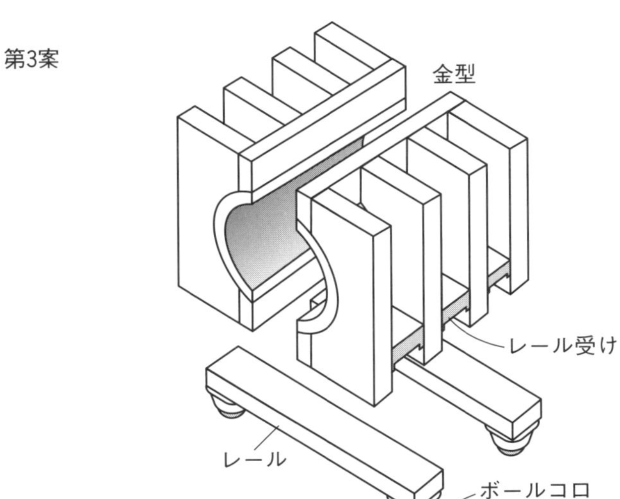

組立図の書き方／**設計上の留意点**

図表3.21　組立たない組立図

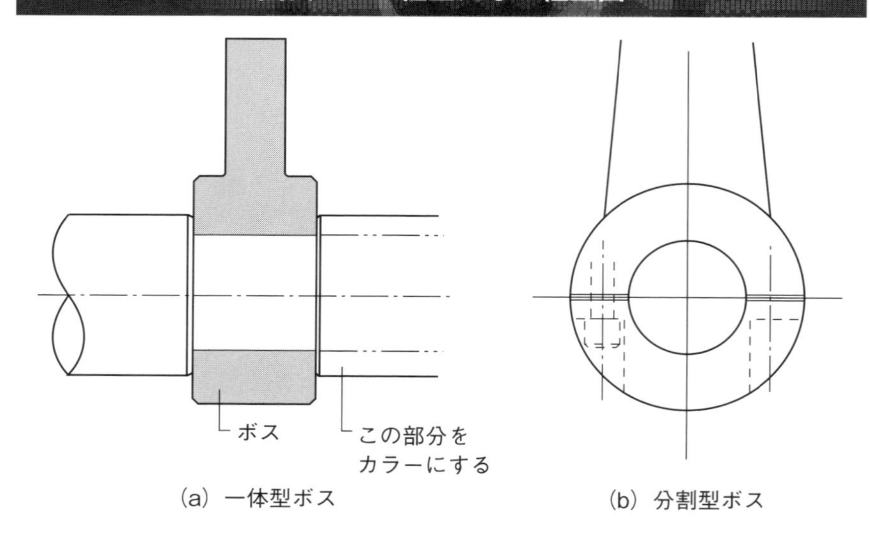

（a）一体型ボス　　（b）分割型ボス

極端な例ですが、**図表3.21**のボスは段つき軸の中間にあって組み込みができません。このボスは分割型にしてボルト締めするか、軸の肩はカラーを入れるかして組み立てできるように設計しなければなりません。

ほかにも、内部にユニットを組み込むのに開口部が狭くて取り付けられないとか、スパナが入らない、ボルトが入らないなどという問題はよくあることです。これに気づかず部品製作・組み立てまで行ってから発覚したのでは、設計変更・再製作に時間と費用がかかってしまいます。設計ミスは下流へ行くほどおおごとになりますから、出図前でなく計画段階でどう組み立てるか確認しつつ設計しなければなりません。

動いて干渉しないか？

機械は一定の運動をして機能を果たすものですが、動いたら機械の一部が機械のほかの部分にぶつかるという失敗もありえます。これを干渉といいます。移動する部分が固定部に当たるケースと、移動する部分どうしが当たるケースがあります。

また、点検扉がレールに当たって開かないのも干渉といえます。移動部については、原位置を実線で書いたら、移動端を二点鎖線で書いて干渉を検討します。干渉という機械の自己矛盾がないようにあらゆる場合を考え、想像力を働かせてチェックしましょう。

考え抜く設計

部分組立図をまとめていくなかで、自分でもなんとなく納得のいかない部分が残ることがあります。その部分は、組立・調整で問題が出てきやすいもので、検討不十分であり、別図にでも２、３案を書いて検討したほうがよいものです。問題が出たときの対策として腹案を持つようにしましょう。

デザインの考え方

機械全体の形をどうまとめるかは、デザインの問題になります。民生品や耐久消費財、量産品では消費者の好むデザインを取り入れることが販売に直結するわけですが、生産財や生産設備になるとことさら意識しなくてもよいのではないかと思われます。機能や安全、使い勝手を追及していけば、それだけ洗練されて形はできていくと考えてよいでしょう。

リサイクルを考えた設計

工業技術が発展して大量生産・大量消費・大量廃棄によって環境破壊が進むと、地球の自浄能力が有限であることが認識されてきました。持続可能な発展を目指し、資源の循環型社会を形成するために、資源はできるだけ少なく使用し（Reduce）、再使用して（Reuse）、再生利用（Recycle）することが義務づけられました。機械も材料の入手から製作、廃棄にいたるライフサイクルのなかで、資源・エネルギーの最小限の使用、CO_2など地球温暖化物質の最小限の排出などが義務づけられています。機械設計にあたっては分解しやすい構造、材質の表示と材質の統合なども意識しなければなりません。

3-6 製作への配慮

組立図は機械加工、組み立ての基本を決定するものですから、作業者に困難な作業を指示してはいけません。作業を容易にするためにはどのような配慮が必要なのでしょうか。

加工のしやすいこと

組立図の作成にあたっては、個々の部品が旋盤やフライスなどの機械加工を容易にできるように考えなければなりません。加工情報は部品製作図に盛り込むのですが、そのもとになる形状は組立図で定義されます。したがって加工しやすい部品形状を織り込まなければなりません。部品図の書き方は第 5 章で学びますが、組立図段階では次のことに注意しましょう。

例えば、本体などの大物に細かい加工を指示すると、加工者は大型機械を段取

図表3.22　大物に小細工

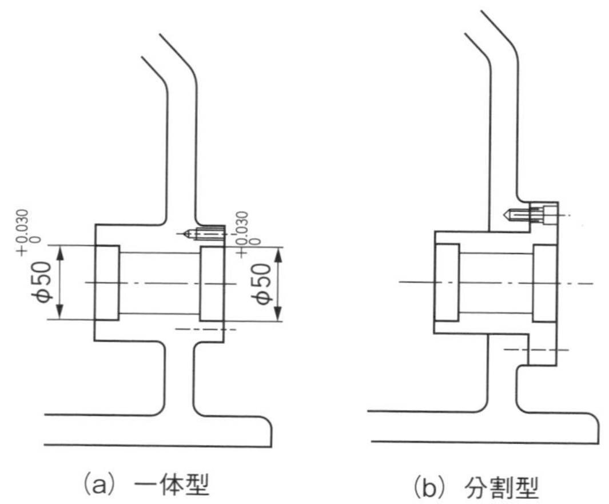

図表3.23　油溝の加工例

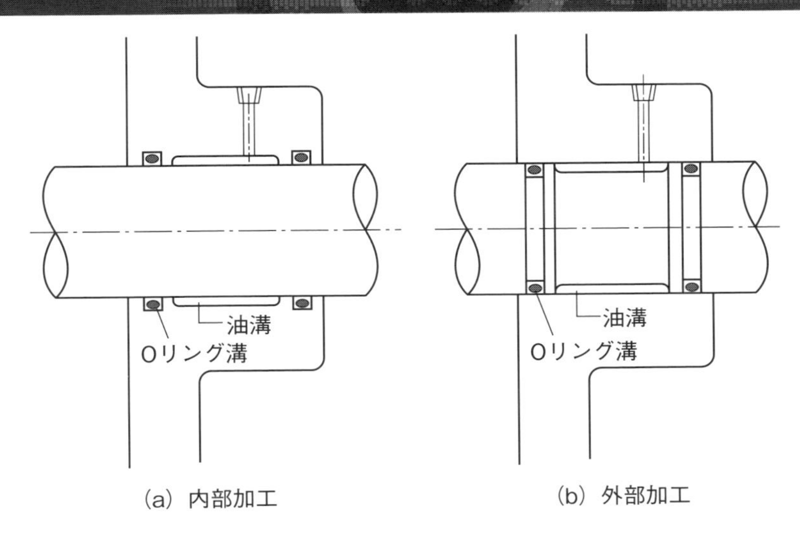

して小さな工具をセットし、微細な操作をしなければなりません。このような小細工は別部品を別に加工して取り付け型にします（**図表3.22**）。

また、穴の内部など見えない部分の加工は外に、奥の加工は手前に出して加工できるように設計します。

図表3.23は油溝の加工例ですが、(a)のように溝を入れると奥の加工となり、(b)では外の加工ができます。(b)のほうが加工も寸法検査もしやすいのです。

設計段階では設計者にかなりの自由度が与えられていますから、工夫する余地は大きいものです。さらに本体加工は、本体内部のタップ加工を指示したところにボール盤が届くかのチェックも必要です。

組み立てやすいか

機械の組み立てで精度を要する部分は、機械加工によって精密に寸法を出すことができます。機械を加工する工作機械は、マザーマシンといわれるように高精度高剛性で作られているので、精度が保証されるのです。

機械の組立てでは**図表3.24**(a)のように、本体とフタの中心を正確に合わせた

図表3.24　組立を容易に

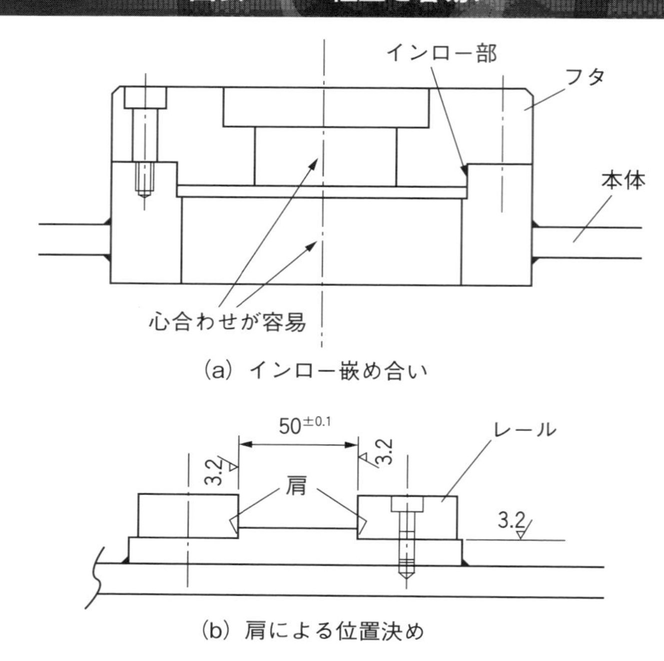

い場合が多くあります。このような場合、フタの凸部を適切な公差の直径に削り、本体側の凹部もこれに対応する公差の直径に削って嵌め合わせれば両者の心は一致します。

この凹凸の嵌め合いは水戸黄門の印ろうのフタに使われており、印ろう嵌め合いとして心合わせによく使用されています。

また図表3.24(b)のように、長手方向の寸法出しでは例えば、レール間かくを正確に組立てる場合に肩を作って、これを公差に削ればレールをのせるだけで精度よく組立てることができます。

このように、シムをはさんだりダイヤルゲージで調整して心を出すのでなく、熟練不要で迅速な組み立てができるように設計します。

3-7 運搬・据付への配慮

機械は、製作する場所と運転する場所は異なるのが普通です。搬送・設置にはどのような注意が必要でしょうか。

機械の吊り上げ

機械は搬入据付に際して、ワイヤをかけてクレーンで吊り上げることがあります。このときワイヤをかける場所として、**図表3.25**のように本体に溶接などで吊り手を設けますが、吊り手やその取り付け部は自重に耐える強度を確保しなければなりません。

また、本体やベースに通し穴を開けておき、これに鋼管を通してワイヤをかける方法もあります（**図表3.26**）。

吊り手がない場合は、本体の適当な場所にワイヤをかけて吊りますが、このとき、機械を傷めないようにやわら（布切れ）を当てて保護します。ワイヤをかける位置はバランスをみて専門職が玉掛けを行いますが、機械によってはチェーンの位置をわかりやすく表示した機械もあります。

ワイヤをかける余地のない混み入った機械では、吊り手は忘れずに取り付けま

図表3.25　吊り手の例

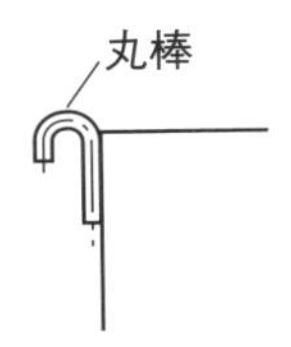

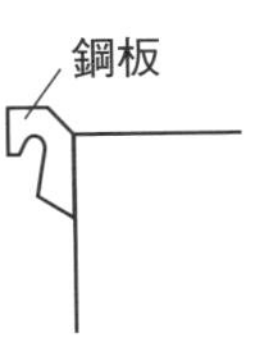

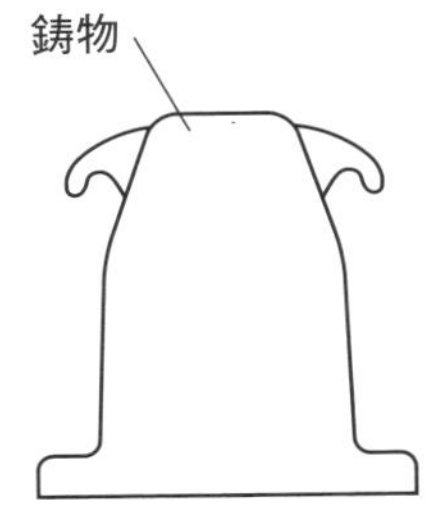

図表3.26　機械の吊上げ

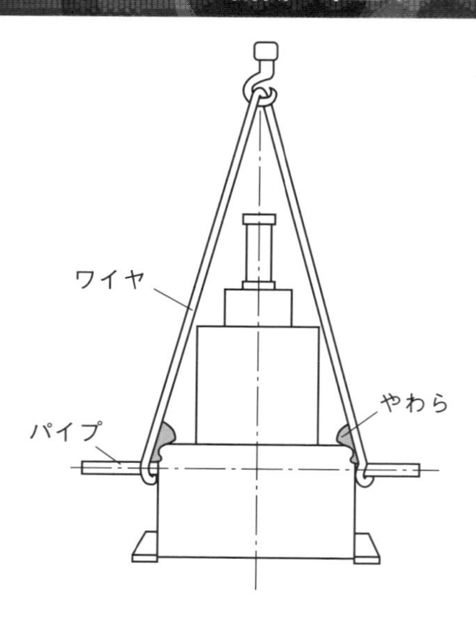

しょう。

脚周りの設計

　機械は通常、独立したコンクリート基礎のアンカー穴にアンカーボルトを埋めて、モルタルで強固に固定してシムやライナーでレベルを出します。最近では、機械のレイアウトは使いやすいように随時変えていくという考えになり、床面にべた置きするようになってきました。もちろん床の耐荷重は要チェックで、地下が地下室など空洞になっている場合はとくに、床の許容荷重を確認しなければなりません。

　べた置きの機械は、**図表3.27**のようにジャッキボルトでレベルを出して、ロックナットで固定します。ラインの生産状況に応じてひんぱんにレイアウトを変更できるように、キャスターを付けて移動を容易にする場合もあります。

　簡易形のアンカーボルトとして、コンクリートドリルであけた穴にボルトを打ち込む固定法があります。クサビでボルトを拡張して固定するホールインアン

図表3.27　レベル調整

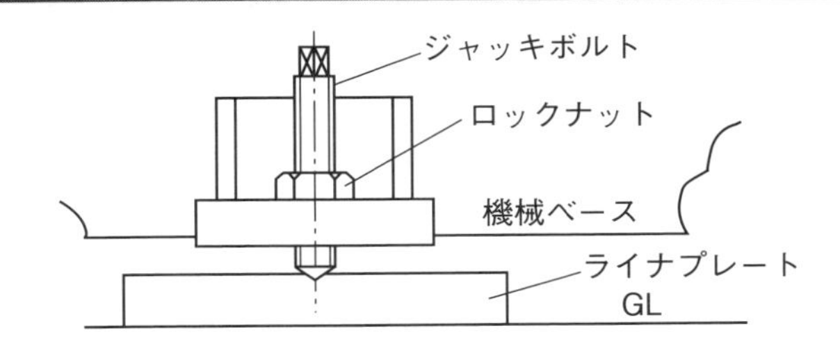

図表3.28　簡易形アンカボルト

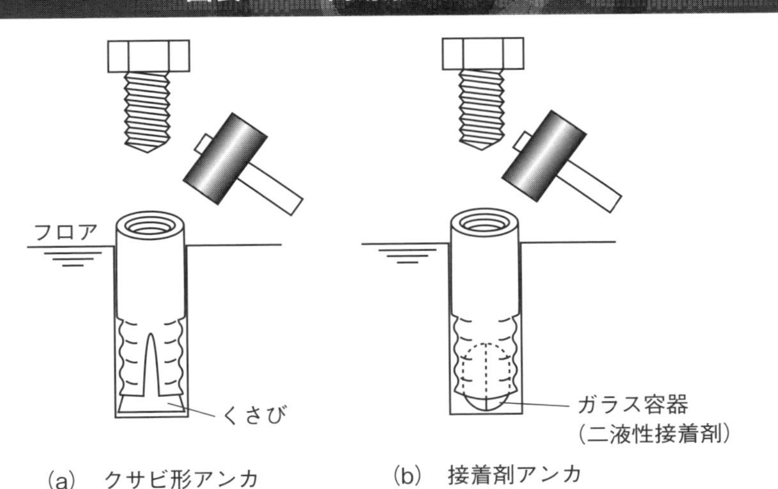

(a)　クサビ形アンカ　　(b)　接着剤アンカ

カ*と、エポキシ系接着剤で固定するケミカルアンカ**の方式があります（*、＊＊いずれも商品名。**図表3.28**参照）。

3-8
運転操作への配慮

機械の主人公は、操作する人間です。作業者が楽に早く安全に操作するには、どのような注意が必要でしょうか。

機械の作業性

ワークを機械に取り付けるとき、取り付けやすい姿勢でできるように配置や高さを決め、重筋作業を軽減する設計が必要です。起動停止の操作には、操作盤が見やすくボタンを押しやすい位置にあること、表示が見やすく誤解しない表現でなければなりません。

例えば、自動車の組み立てラインでは、シャーシの下にもぐりこむのではなく、車体をコンベヤで高く吊るして、作業者は立ったまま上向きで組み付けをしています。

人間工学とは、機械や道具のデザインで人体が適応しやすい設計を研究する分

図表3.29　水平作業面の作業域

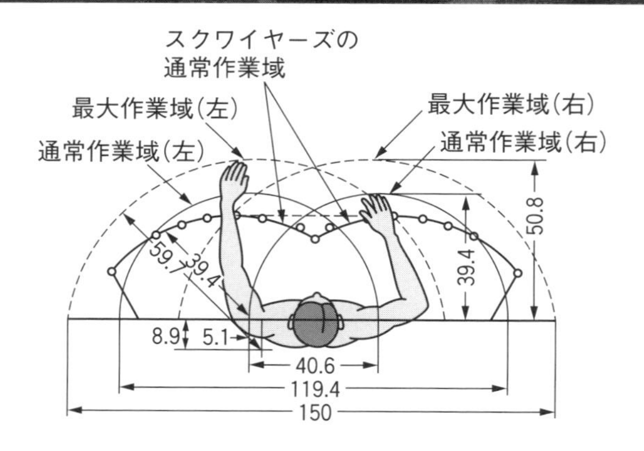

野です。**図表3.29**は、作業台で普通に手が届く範囲（通常作業域）と、大きく手を伸ばしたときに手が届く範囲（最大作業域）を示します。実線は修正された通常作業域ですが、これは外国人のデータですから日本人は少し狭くなります。このような人間工学のデータを取り込んで設計することも必要になります。

調整不要の設計

ワークの取り付けや工具の設定に熟練や調整を要する機械があります。しかし、調整は付加価値を付けないのでムダな作業ですから、排除することを考えなければなりません。チエを出して、「突き当てで一発で心がでる、段取が終わる」という工夫をすべきです。

例えば、**図表3.30**に示す台車では停止位置で位置決めをするとき、突き当てで正確に位置が決まるという工夫をしています。

図表3.30　台車の位置決め

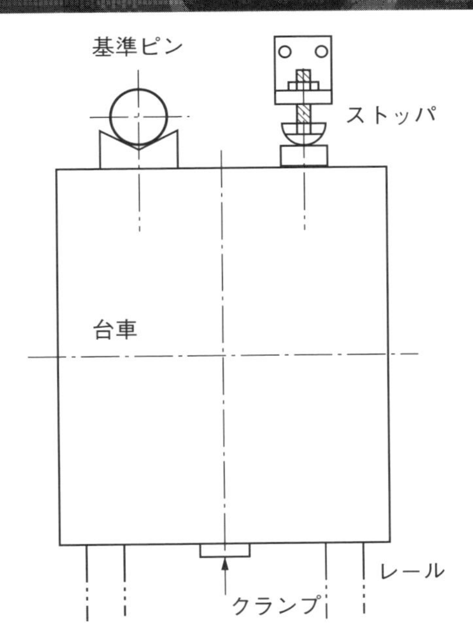

段取替えは迅速に

ワークの加工が終わって次のワークを取付ける作業を段取といいます。また、品種が変わったとき加工の手順を変えるために、機械を設定し直すことを段取替えといいます。

これまでは、段取替えに時間がかかることはやむをえないので、加工数をロットにまとめてその工程の能率を上げていました。ところが、ロットまとめで作るといろいろな弊害が目立ってきました。かえって、小ロット生産や一個流しで全体の能率が上がるということがわかってきたのです。

そのためには、段取時間はもちろん、段取替え時間も短縮しなければなりません。例えばNC旋盤で次々にワークを加工する場合、ワーク位置をその都度ノギスを当てて決めていたのでは時間がかかります。そのとき、**図表3.31**(a)のようにスペーサを当てて位置を決めれば、ワンタッチで位置決めができます。

また、汎用旋盤でバイトを替えるとき、バイトの刃先と回転中心の高さを合わ

図表3.31　段取改善

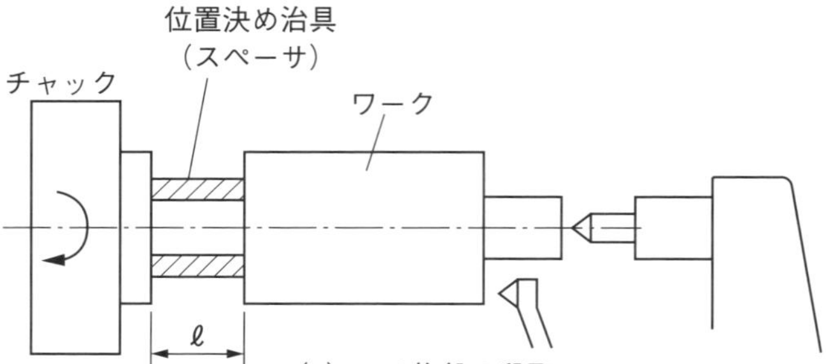

(a)　NC旋盤の段取

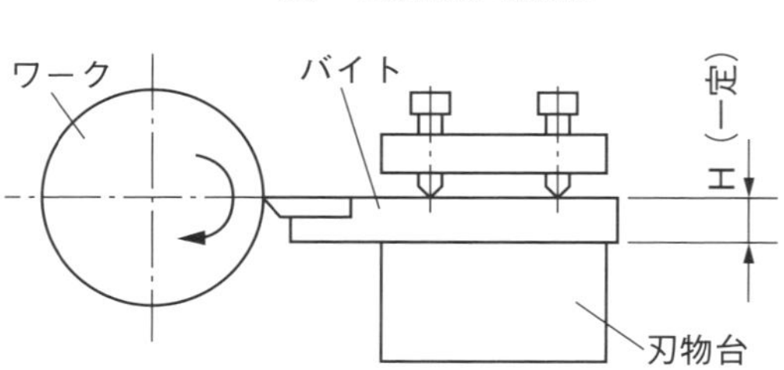

(b)　汎用旋盤の段取替

せるためにシムをかまぜて高さを調整していました。しかし、図表3.31(b)のようにバイトのチップの高さを一定にしておけば、シム調整は不要になるのです。

段取を迅速化するにはネジを回すなといわれます。ネジを回している作業はムダであり、最後の締め付けだけが付加価値をつけるという考えです。そこで、段取改善にはネジを避けることと調整をなくすことがポイントになります。

ダルマ穴

ボルトを何回転も回して抜き出すのは時間がかかるので、1回転だけで取り付け・取り外しをしようというのがダルマ穴です。ボルト穴を長穴とし、一端を大きな穴として六角穴付きボルトの頭が通るようにしておきます。図の2本のボルトを1回転ずつゆるめれば、ボルトを抜き出すことなく取り付け部品を取り外すことができます。これはフランジ状の円板や平板のカバーなどにも応用できます。

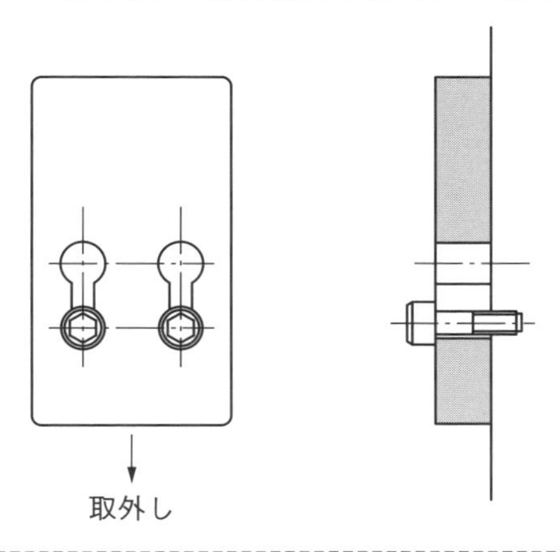

ポカヨケをしかける

機械の操作を誤っても、製品不良や機械の破損や故障、人身事故にならない設計をポカヨケ(fool proof)といいます。うっかりしても大丈夫という意味で、品質上・安全上、大切な考え方です。

例えば、ワークを裏表逆に取り付けるとオシャカになったり機械が損傷するの

図表3.32　穴あけ治具

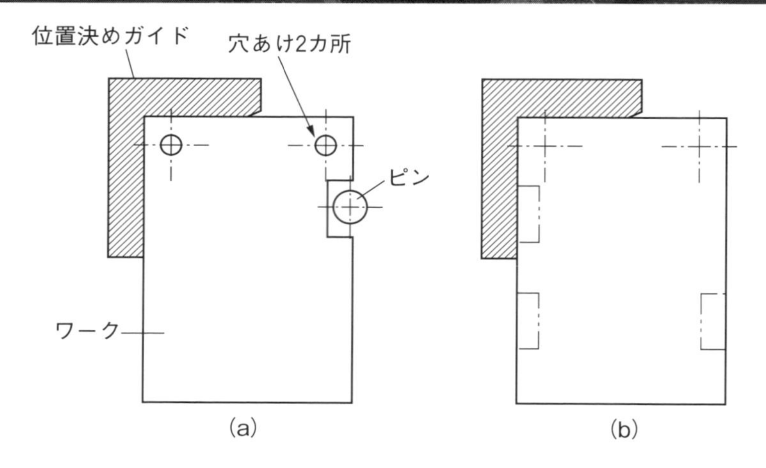

で、逆に取り付けないためにはどうすればよいかと考えるのです。その結果、**図表3.32**のように形状の特性を利用してピンを立てておけばよいということになります。

3–9 保守・修理への配慮

機械は使用を続けるうちに給油や再調整、部品交換や修理が必要になります。理想はメンテナンスフリーで保守不要な機械ですが、現実には難しいでしょう。その機械にはどのような保守が必要か、常に考えなければなりません。

点検しやすいか

機械の日常点検では、チェックポイントはほぼ決まっています。注油孔や軸受まわり、チェーンやベルト、歯車などの駆動まわりなどですから、この周辺へ容易にアクセスでき、簡単に点検できるように設計します。

例えば、チェーンカバーでは**図表3.33**のように子カバーをつけて、チェーンの潤滑状態や摩耗状態をチェックしやすいようにします。

図表3.33　チェーンカバー

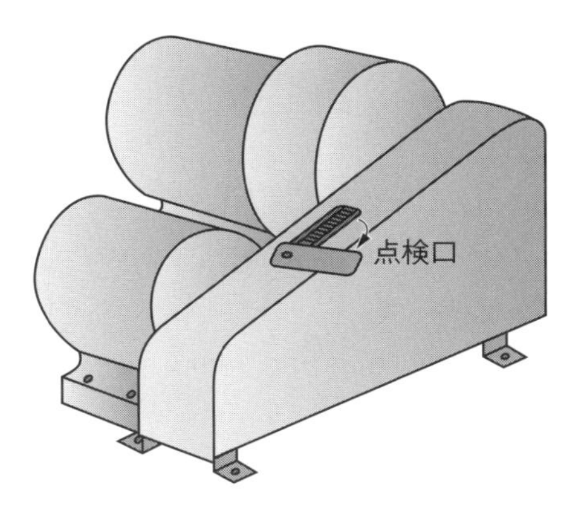

保守作業を容易にするには

機械の分解点検にはボルトを回すことが多いわけですが、点検カバーなどはダルマ穴にしておけば取り外しが早くなります。

また、部品を本体から取り外すとき、ボルトを外しても本体に固着して取れないことがあります。ドライバでこじったりするとキズになるので、部品にタップ穴を切っておきます。このタップ穴にボルト（ジャッキボルト）をねじ込んでいくと、部品が浮き上がって外れてきます。このように、保守しやすい設計を工夫して取り入れるのです（**図表3.34**）。

図表3.34　分解用タップ穴

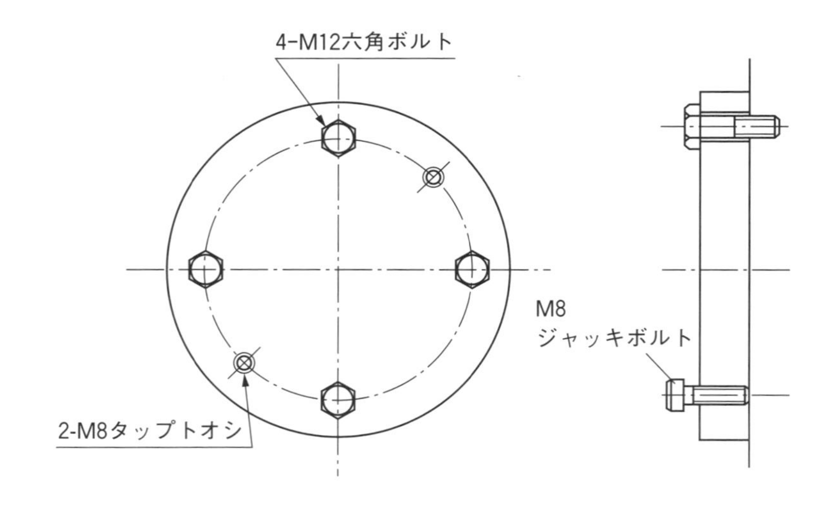

第4章

組立図と機械要素

◆機械の構造の詳細を示す組立図を書くとき、ネジなどの締結部品のようによく使われる部品があります。これを機械要素部品といいます。本章ではその使い方、書き方について学びましょう。

4-1 機械要素とは

機械を構成する部品は、その機械のために設計された部品と、どの機械にも共通して使われる部品に分けられます。共通して使用される部品を機械要素部品といい、どの機械でも取り付けられる（互換性を持つ）ように日本工業規格（JIS）で標準化されて、寸法形状や仕様を統一しています。さらに国際的にも互換性をもたせるように、JIS規格に国際標準化機構（ISO）の国際規格が取り入れられてきました。

機械要素の種類

機械要素は広範にわたり部品の種類も多いのですが、機能的にまとめると**図表4.1**のように分類されます。

図表4.1　機械要素の分類

機　能	機械要素
締結・結合	ボルト/ナット、リベット、キー、ピン、止め輪
動力・運動の伝達	軸、軸継手 歯車、ベルト/プーリー、チェーン/スプロケット、ボールネジ、シリンダ/ピストン、リンク、カム
エネルギ蓄積・緩衝・制動	バネ、フライホイール、アキュムレータ、ブレーキ、クラッチ、ダッシュポット
流体の輸送・密封	弁・管 ガスケット、パッキン、オイルシール、Oリング
支持・案内	転がり軸受、すべり軸受、球面軸受、転がり案内、すべり案内

4-2 軸受の使い方

機械は一定の運動をすることにより目的の仕事をするものですから、回転・直線などの運動を支える軸受設計が基本になります。軸受設計の重要性はこれまでも強調してきましたが、各種軸受の特徴・取り付け法を学びましょう。

軸受の種類

軸受には鋼球などを使用する転がり軸受と、平面で受けるすべり軸受があります。

転がり軸受の転動体には玉ところがあり、それぞれラジアル形とスラスト形が

図表4.2　転がり軸受の種類

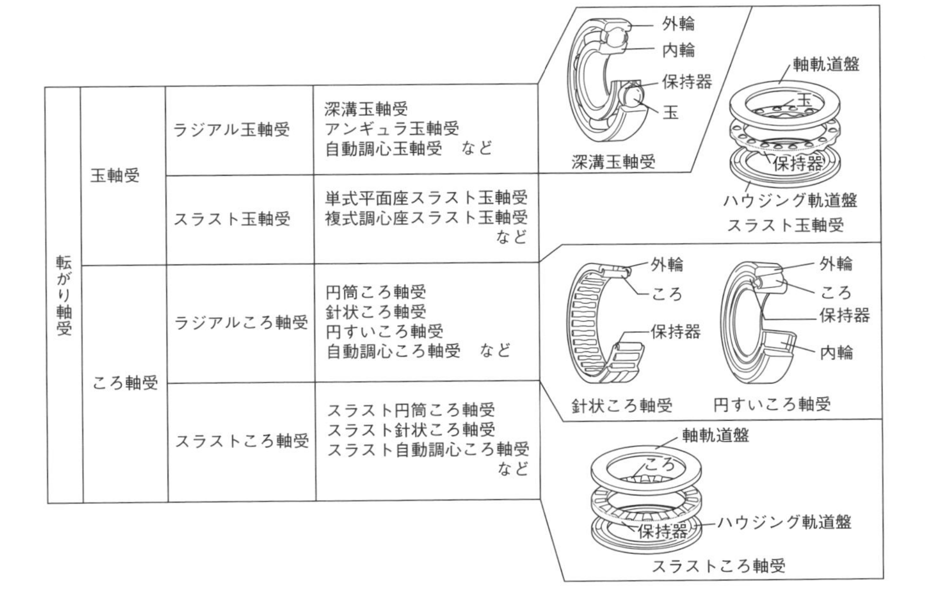

転がり軸受	玉軸受	ラジアル玉軸受	深溝玉軸受 アンギュラ玉軸受 自動調心玉軸受　など
		スラスト玉軸受	単式平面座スラスト玉軸受 複式調心座スラスト玉軸受 など
	ころ軸受	ラジアルころ軸受	円筒ころ軸受 針状ころ軸受 円すいころ軸受 自動調心ころ軸受　など
		スラストころ軸受	スラスト円筒ころ軸受 スラスト針状ころ軸受 スラスト自動調心ころ軸受 など

図表4.3　すべり軸受の種類

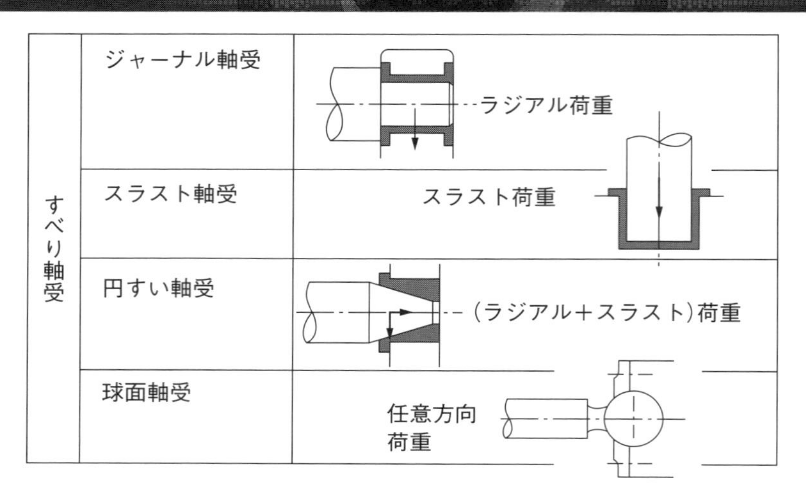

あって、次のように分類されます（**図表4.2**）。

また、すべり軸受には**図表4.3**のような種類があります。

転がり軸受の呼び番号

転がり軸受は互換性のために内径・外径と幅寸法がJISで規定され、呼び番号で表示されます。

呼び番号＝基本番号＋補助記号

（例）呼び番号＝6204ZZ

6 ：軸受形式記号（深溝玉軸受）

2 ：寸法系列記号（02）

0 ：幅系列（幅寸法の規格）

2 ：直径系列（外径寸法の規格）

04：内径番号（内径20mm）

ZZ：補助記号（両シールド付き）

幅系列と直径系列、内径番号はそれぞれ寸法表に規定され、この場合は内径20mm、外径47mm、幅14mmの深溝玉軸受をあらわしています。補助記号のZZは、両面に金属製の防塵シールドが組み込んであるタイプです。

深溝玉軸受

深溝玉軸受は最もよく使われる玉軸受で、内輪・外輪の鋼球転動面の溝が深く、鋼球はリテナーによって保持されていて、内輪・外輪ともに分離しない構造です。転動面の溝が深いのでラジアル荷重Frだけでなく、あるていどのスラスト荷重Faも受けることができます。スラスト荷重Faはカタログの計算式から動等価ラジアル荷重Prに換算して、許容できる限度が求められます。

$$Pr = XFr + YFa$$

X、Yは荷重係数です。詳細はメーカー資料を参照ください。

なお、玉軸受には開放型と密封型があり、密封型には**図表4.4**のようにシールド形とシール形があります。

シールド形（ZZ）は金属のシールド板を外輪に固定し、外部からの異物の侵入を防止するとともに、グリースの漏れを防止しています。非接触型なので摩擦トルクが小さくなっています。

シール形は鋼板に合成ゴムを固着したシール板を外輪に固定し、ゴムシール先端が内輪シール溝に接触しないラビリンスすきまのある非接触形（LLB）と、内

図表4.4　密封玉軸受の形式と構造

形式及び記号	シールド形	シール形		
	非接触形 ZZ	非接触形 LLB	接触形 LLU	低トルク形 LLH
構造				

図表4.5　軸受の使い分け

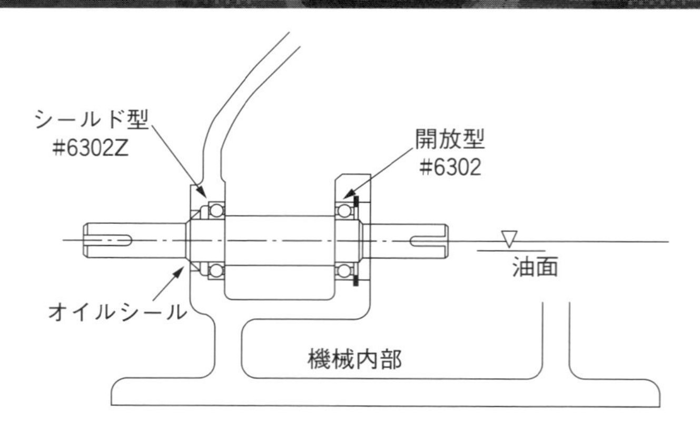

輪シール溝に接触する接触形（LLU）があります。摩擦トルクはLLUはやや大きくなりますが、これを改良した接触形で、摩擦トルクを中間ていどに抑えたLLHタイプもあります。

また、ZZ、LLは両面密封を意味しますが、片面シールド（Z）、片面シール（L）も選定可能です。用途としては開放型は機械内部にあって防塵や給油の設計が不要な部分、またはシールや潤滑を別途設計する場合に使用できます。

片面シールド形は**図表4.5**のようにシールド側を外部へ向けて取り付け、開放形は内部に使用します。両面密封形はグリースを充填ずみで防塵対策もできていますから、給油不可能な部分にも使用できて便利です。

軸受の寿命計算

軸受の寿命は基本定格寿命（L_{10}）であらわされ、次のような計算式があります。

基本定格寿命L_{10}　：同一の運転条件で試験をして90%のサンプルが損傷しない総回転数（10^6回転）

基本動定格荷重C：一定の運転条件で10^6回転できるラジアル荷重（またはスラスト荷重）（N）

動等価荷重P　　：スラスト荷重、ラジアル荷重を係数で換算した荷重（N）

玉軸受では　$L_{10}=(C/P)^{3}$

コロ軸受では$L_{10}=(C/P)^{10/3}$

使用条件から動等価荷重Pを求め、カタログ記載の基本動定格荷重Cを使って計算すると寿命回転数がわかります。機械回転速度（min^{-1}）から総運転時間（h）も計算できます。

内輪外輪の固定法

玉軸受は一般に内輪が回転の場合軸にしまりばめ（js6）で圧入し、外輪が静止の場合ハウジングにすきまばめ（H7）で挿入します。軸受は荷重を受けて回転するので、しっかり位置を決め、必要に応じてスラストを受けるために固定します。

図表4.6に内輪外輪の固定法をあげましたが、必ずしも同じ形式を対応して使用することはありません。内輪をカラーでとめたら外輪もカラーということでは

図表4.6　内輪外輪の固定法

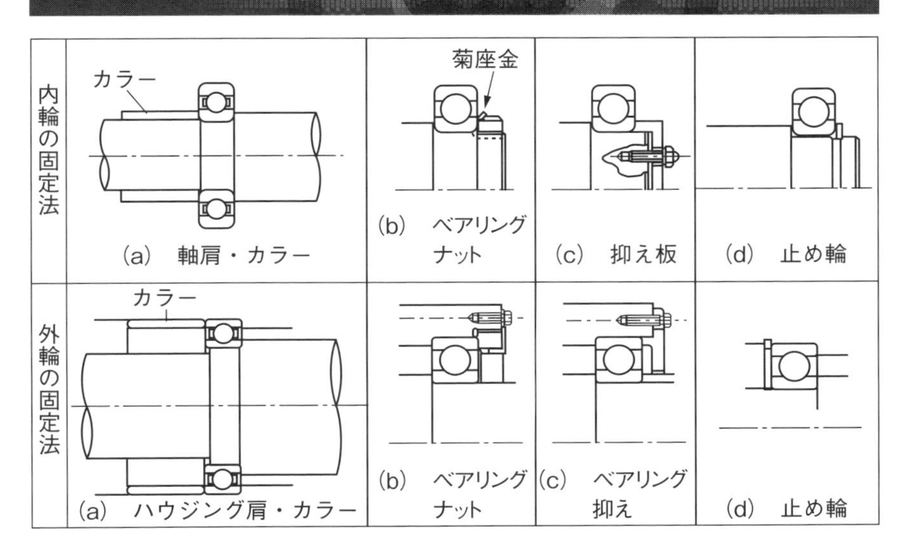

なく、荷重の種類や保守などを考慮して決めます。

(a)は軸やハウジングの肩を利用するもので、確実な位置決めができます。カラーを使う場合はカラーそのものを別の方法で固定する必要があります。

(b)はベアリングナットで固定する方法ですが、ナットのゆるみ止めが必要です。内輪用ではベアリングナットと菊座金は標準品として市販されていますが、外輪用は市販していないようです。

(c)はベアリング抑えを使用するもので、抑え板は製作になります。

(d)は止め輪を使用するもので、スラストや衝撃荷重のない部分に使用します。ここでは装着用の穴を持つ軸用・穴用C形止め輪（JISB2804）を使用します。

転がり軸受専用の止め輪は、外輪に輪溝のある軸受にはめ込んで使用します。

内輪外輪の固定に際しては、面圧の制約から抑え部の内径Da、外径daに限度があります。とくに軸の肩が大きいとシールドなどに接触してしまうので、密封型ではカタログのda寸法は上限を規定しています（**図表4.7**）。

図表4.7　抑え部の寸法

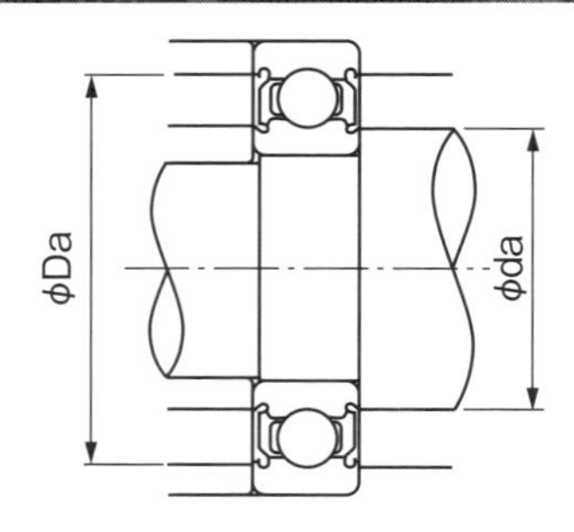

自由側と固定側

軸受は２か所で軸系を支持しますが、両方を強固に固定すると逃げがなくなり、軸受に無理な力がかかります。製作上の誤差や熱膨張による伸びを吸収するために一方を固定したら、他方は可動にしておくのです。例えば、一方は深溝玉軸受を使用して内輪外輪を固定したら、他方の深溝玉軸受は外輪をフリーにします。

図表4.8は砥石切断機の断面図ですが、可動側はころ軸受として軸方向の伸びを逃がしています。

図表4.8　切断砥石の主軸

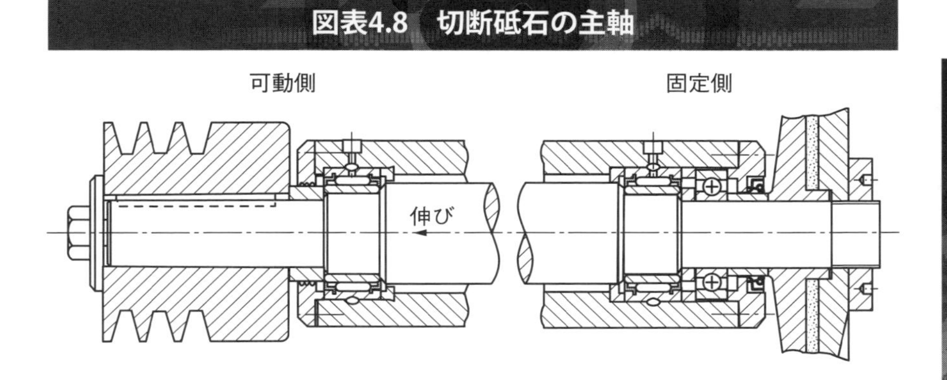

ベアリング抑えの設計

ベアリング抑えには密閉蓋と貫通蓋があります。貫通蓋には必要により、内部の潤滑油を保持するためのオイルシールや、防塵のためのダストシール取り付け溝を設けます。

ベアリング抑えは部品図を起こして製作しますが、最近はコード指定で製作納入するメーカーがあります。これを利用するときは当然ながら、計画図段階でカタログを参照して寸法を織り込んでおく必要があります。**図表4.9**はミスミ社のベアリング抑えを使用する例です。

針状ころ軸受

針状ころ軸受はニードルベアリングともいい、外径が小さいためスペースの割に負荷容量と剛性が大きく、慣性力も小さいという特徴があります。外輪は削り出しのソリッド形とプレス絞りのシェル形があります。

ソリッド形は剛性があり、軸受精度も高いので、高速・高荷重・高回転精度の用途に適しています。内輪付きと内輪なしがあり、分離型は内輪・外輪・保持器

図表4.9　ベアリング抑え

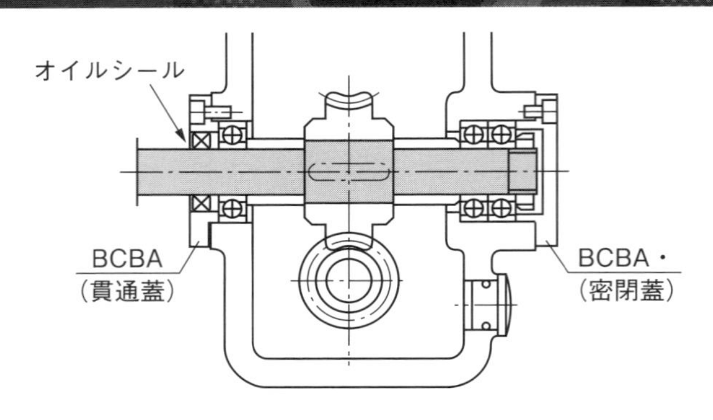

出典：ミスミカタログによる

がばらばらになるタイプです。シェル形は外輪が薄いので、図のように軸肩が接触すると摩耗粉が転動部に侵入して焼付きますから、軸肩の面取りを忘れてはなりません（**図表4.10**）。

図表4.10　ニードルベアリングの取付

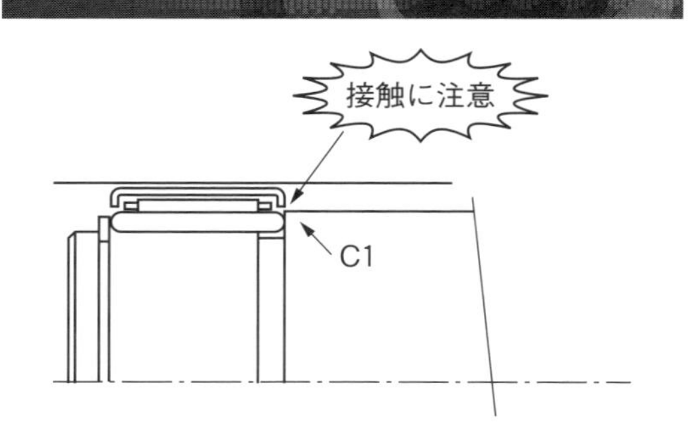

ラジアル型ではスラスト荷重は全く受けられませんので、スラスト荷重はかかりませんから、止め輪で十分にズレ防止ができます。C形止め輪を使用するときは、接触しないことを確認する必要があります。接触する場合は、針状ころ用の止め輪を使用しますが、取り外しが困難になります

スラスト玉軸受

平面座形のスラスト玉軸受は、上下一組の軌道盤と保持器付き鋼球の３つが完

図表4.11　スラスト玉軸受の取付

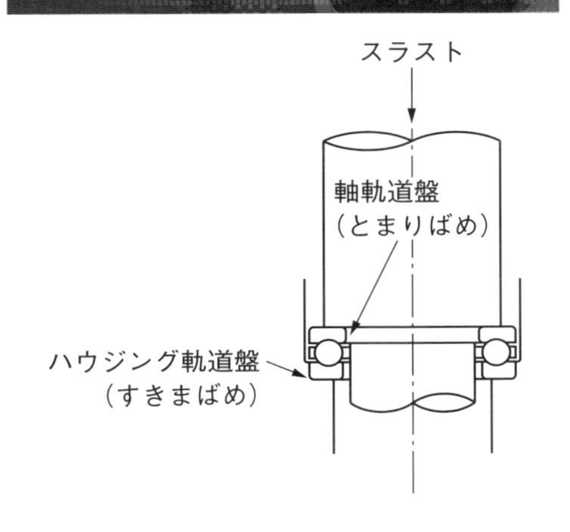

全に分離する構造で、ラジアル荷重を受けることはできません。すきまがあると転動体が滑るので、スラスト方向の予圧をかけておく必要があります。

水平の回転軸でスラスト軸受を使う場合は、回転体の自重を受け持てないので別にラジアル軸受が必要になります。このため「スラスト玉軸受つき針状ころ軸受」が市販されています。

組み付け方は、軸軌道盤は軸にとまりばめ（js6かh6）とし、ハウジング軌道盤はハウジングにすきまばめ（H8ていど）とします。軸軌道盤は内径が、ハウジング軌道盤は外径が研磨仕上げで公差を出してありますので、光沢から容易に判別できます（**図表4.11**）。

円すいころ軸受

図表4.12　車輌軸受

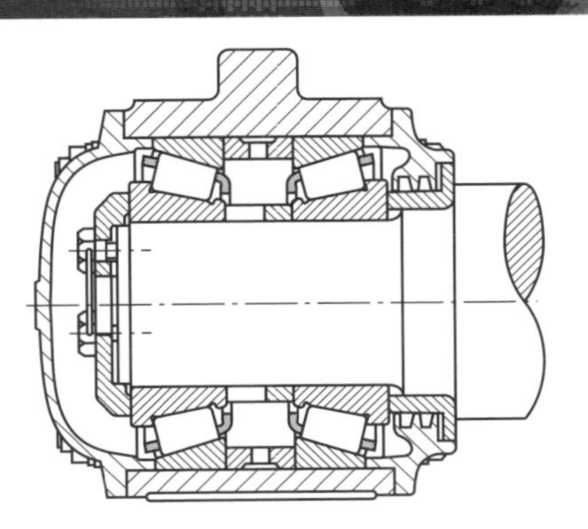

円すいころ軸受は、転動体として円すい状のころを使用したラジアル軸受で、負荷能力が大きく、一方向のスラスト荷重も受け持てます。ころは保持器に収められ、内輪にはめ込まれて一体となり、外輪（コーン）だけが分離します（97ページ参照）。このため、ころ付き内輪は軸に、外輪はハウジングに強

固に固定でき、軸のハウジングへの組み込みも容易です。

ラジアル荷重のみでも分力としてスラスト荷重が発生しますので、これを相殺するため2個相対して使われることが多いのです。2個相対して使用する場合の内部すきまや予圧の調整は、内輪あるいは外輪の間隔をシムやベアリングナットなどで調整して行います。

図表4.12は車輪の軸受の応用例です。対向して組み込むことにより、両方向のスラストを相殺するだけでなく、自動的に心が出る自動調心の機能を持ちます。

すべり軸受

すべり軸受としては焼結含油軸受やホワイトメタルなどの軸受合金のブッシュがありますが、ここでは簡便に使用される巻きブッシュについて説明します。

巻きブッシュは鋼裏金に銅―スズ合金を多孔質に焼結し、四フッ化エチレン樹脂（PTFE）と鉛の混合材をライニングしたシートをロール巻きにしてブッシュとしたものです。用途は低速高荷重で、低温から高温まで温度範囲が広く、無給油でも使用できます（**図表4.13**）。

回転・往復ともに使用できますが、軸の段つき部やキー溝部は避けます。単価が安く、スペースをとらず、組み付けも容易です。ハウジングには内径公差H7

図表4.13　巻きブッシュ

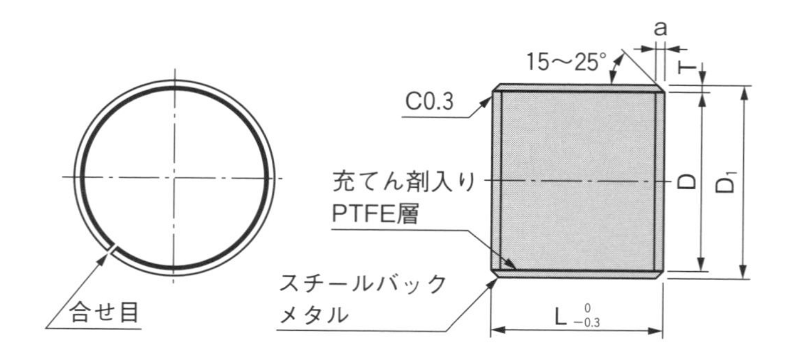

図表4.14　巻きブッシュの使用例

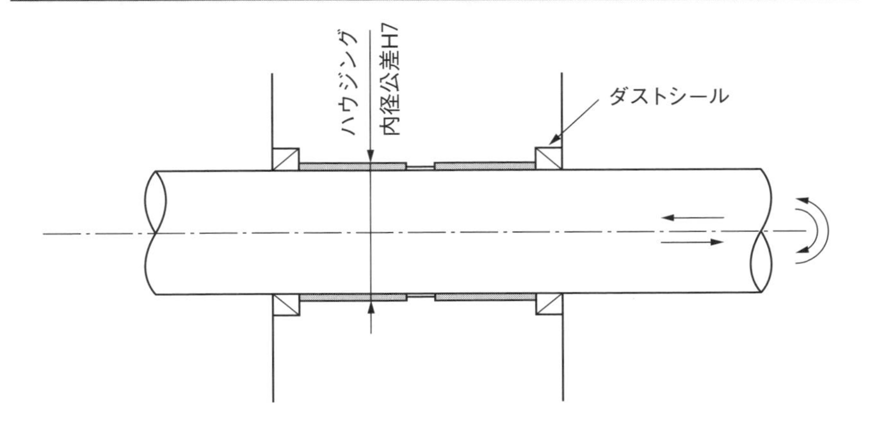

で穴加工して、圧入ガイドを使用してハンドプレスで圧入します（**図表4.14**）。メーカーとしては大同メタル社が「ダイダイン」の商品名で販売しているほか、ミスミ社でも取り扱っています。

4-3 ボルトの使い方

ネジ山の断面形状には、三角ネジ、角ネジ、台形ネジ、のこ歯ネジ、丸ネジ、管用ネジからボールネジまであります。しかし、ネジの原理が斜面を利用して小さい力で大きな締め付け力を得ることには変わりません。ネジの用途としては、締結、送り、位置決め、寸法測定、力の伝達があります。ここでは最も多く使用される締結要素として、ボルトについて学ぶことにします。

ボルトの種類

ボルトは形状から分類すると、通しボルト、押さえボルト、植え込みボルト、

図表4.15　ボルトの分類

名称	説　明	図　示
通しボルト	部品に通し穴をあけてナットで締め付ける。穴はキリ穴でボルト径より少し大きい(バカ穴)。	ナット／ネジ部／通しボルト
押さえボルト	相手部品にメネジを切って締め付ける。相手が厚い、流体が漏れる、ナットが使えないときに使う。	押えボルド
植込みボルト	相手部品に一方をねじ込み、他方はナットで締め付ける。ねじ込み側は外さないので、メネジを損傷しない。	ナット／植え込みボルト
リーマボルト	部品間にせん断力がはたらく場合に使用する。通し穴はリーマ仕上してガタのないはめあいとする。(ボルト表面の粗さ 1.6▽)	

リーマボルトなどがあります（**図表4.15**）。

ボルトの強度

鋼製ボルトは、材質、熱処理により決まる静的強度として、引張強さ・降伏点（または耐力）を示す強度区分が規定されています。**図表4.16**に示す強度区分は次のような定義になっています。

図表4.16　ボルトの機械的性質

強度区分	4.8	6.8	8.8	10.9	12.9
引張強さ σ_B（最小値、MPa）	420	600	800	1040	1220
下降伏点又は耐力 σ_Y（最小値、MPa）	340	480	640	940	1100

（例）強度区分10.9

10：引張強さ1040MPa

0.9：降伏点（または耐力）＝1040×0.9⇒940MPa

鋼製ナットの強度区分もこれに対応して、4、5、6、8、9、10、12と定めてありますので、ボルトと同等以上の強度（この場合10か12）を選ぶようになっています。

繰り返し荷重がかかる場合は疲労強度を検討しなければなりませんが、荷重、衝撃や温度など使用条件が厳しくない部分ではとくに強度計算はせず、ボルトサイズを標準化してタップ工具やボルト在庫の種類を減らすようにします。

ボルトにせん断を受け持たせない

ボルトは引張強さが保証されていますが、締結要素として使用する場合は、せん断力を受けないようにします。

図表4.17のブラケットはボルトの締め付けの摩擦力で荷重を受けますが、摩擦

図表4.17　ブラケットの位置決め

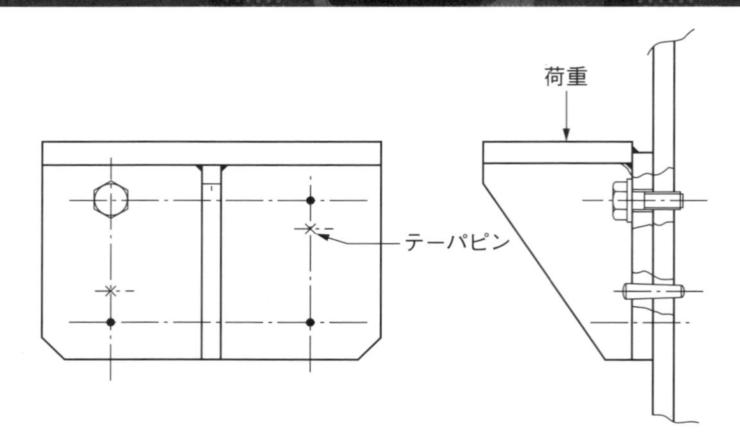

力が負けるとせん断力がかかります。とくに、ネジの谷にせん断荷重がかかると、切り欠き効果による応力集中で許容応力以下で切断します。このような場合はピンを打つか、リーマボルトを使用してせん断力を受けるようにします。図のブラケットでは組立後適切な位置を決めたら、2箇所にテーパピンを打って荷重を受けています。

共締めは避ける

締結とは、複数の部品を締め付けることです。ときには3個以上の部品を共締めしたくなることがあります。共締めにすると、組立後の調整や保守で一部品を外したいとき、全部外れてくることになります。たとえば**図表4.18**のように往復するシャフトを受けるブッシュと安全カバーを共締めすると、シャフトの動作状況を確認するためにカバーを外せばブッシュまで外れてくるので機械を動かすことはできません。

また複数の部品を共締めすると、ゆるみやすくなることが経験上いわれています。

したがって、ボルトは増えても部品は個別に締めることを原則とします。

図表4.18　共締め

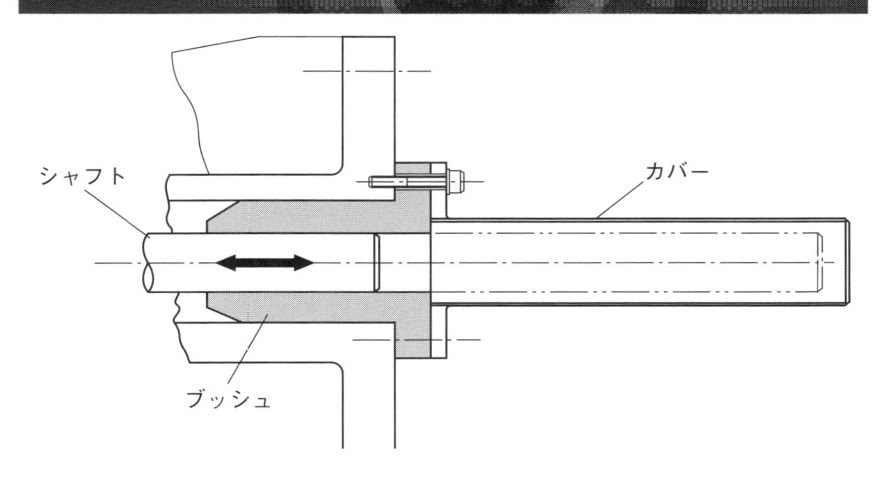

ゆるみ止めを活用する

振動や衝撃を受けたり、ボルトや相手部品の塑性変形で締め付け力が減少すると、ネジ山間の摩擦力が減少してネジが戻り、部品がゆるみます。

ゆるみ止め方法には、**図表4.19**のように摩擦力を確保するものと、小物部品で機械的に止める方法があり、ゆるみの危険性・保守などを考慮して決めます。

細目ネジをどう使う

同一径の並目ネジに対して、ピッチの細かいネジを細目ネジといいます。

細目ネジのピッチは１つだけでなく、複数規定されているサイズもあり、当然ピッチが違うとねじ込めません。

細目ネジはどのように使うのかを**図表4.20**にまとめました。例えば、ネジのつる巻き角が小さいという特性を利用して、振動の大きい往復動ポンプのグランドパッキングの締め付けナットはM100ピッチ１という細目ネジを使っていますが、ほとんどゆるみません。

図表4.19 ゆるみ止めの方法

区分	方法	図示
まさつ力による	(a) バネ座金 (b) ロックナット (c) ネジ部の弾性変形 (d) くいこみナット	(a) バネ座金　(b) ロックナット　(c) 変形ナット　(d) くいこみナット
小物部品による	(e) 割りピン (f) 小ネジ (g) 舌付座金 (h) 針金 (i) 接着 (j) かしめ	(e) ピン　(f) 小ネジ　(g) 舌付座金　(h) 針金

図表4.20 細目ネジの使用例

用途	特性	使用例
位置決め	1回転の移動量が小さい。	ストッパなど微調整
締付け	移動量に対する回転角が大きい。	締付力管理
ゆるみ止め	ネジのつるまき角が小さい。	振動部のゆるみ防止
薄肉ネジ	ネジ山高さが小さい。	薄肉管のネジ
大径ネジ	〃	直径の割に大きな締付力のいらないネジ

左ネジの使用法

ネジは一般には右ネジで、水道の蛇口のように右に回せば前進します。右回転

図表4.21　扇風機

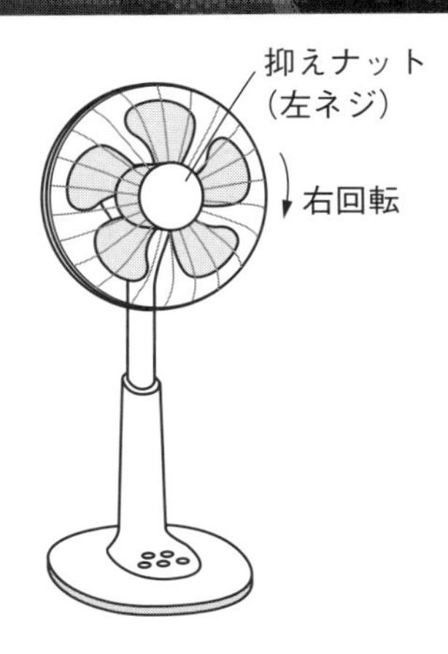

の回転機では、起動を繰り返すと右ネジがゆるんで分解してしまいます。

そこで、例えば扇風機では、羽根を止める抑えナットは左ネジで、起動の反力でしまり勝手としています（**図表4.21**）。

公共施設などで、部外者が不用意にネジを回すと危険があるような部分は、左ネジにして危険を回避しています。またターンバックルなど、両側の右ネジ、左ネジを回転によって引き寄せるメカニズムにも使用されています。

ネジの締め付け作業

図表4.22　ラインのネジ締め作業

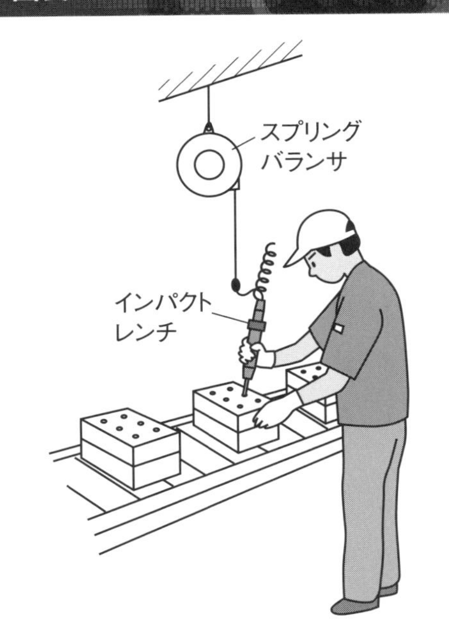

ボルトは強力な締結要素ではありますが、取り付け取り外しに時間がかかるという欠点があります。ボルトは最後のひと締めで締まりますが、それまで何回も回す作業はムダというわけです。

組立ラインなどで繰り返しネジを締める作業では、インパクトレンチを使用して瞬時にネジ締めを完了させ、ムダを取っています（**図表4.22**）。治具など取り外しの頻度が多いところではダルマ穴が考案され、ネジ回しの省力化をはかっています。点検扉の締め付けにはボルトでなくトグルクランプを使って、ワンタッチで締めることもあります。

ネジの面取り

ボルト・ナットはともに、ネジ加工のかえりが残っているためネジ端を45°面取りしないとねじ込みが困難です。オネジの先端、メネジの開口部をC1ていどに面取りするのが普通です。

四方山話 ボルトの締め付け順序

部品の取り付けでは、ボルトは対角線に締めます。例えば、4本であればX字の順に締めるのです。8本であれば図のような番号順に締め付けます。並び順に締めると、最初に締めた方への傾きが残ってしまいます。

対角線の順に最初は軽くひと通り締めて、均等に着座させてから再度対角線に締め付けていきます。現場の組立工はよく心得ている手順ですが、自動車のタイヤ交換でも大切なポイントです。

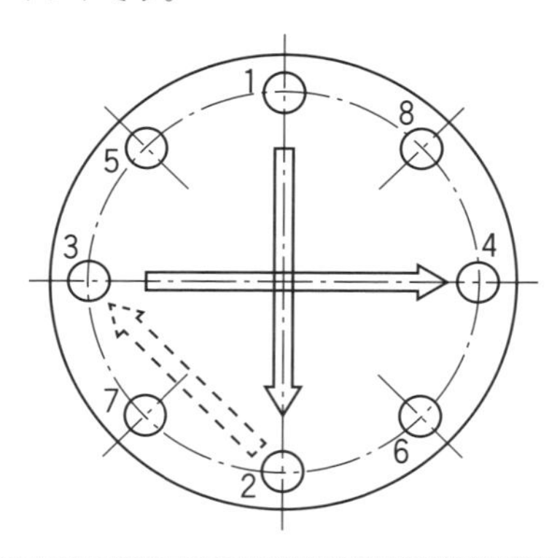

4-4 軸設計のポイント

機械は、運動やトルクの伝達を主に回転軸によって伝動しています。軸は破損すると機械の機能を停止し、事故につながるものですから、重要な機械要素です。加工しやすい、組み立てやすい、保守しやすい軸はどのような設計なのか、学びましょう。

回転軸の設計

回転軸の軸径、軸高さ、軸端の形状寸法はJISに規格があるので、他に制約がなければこれに準拠するのがよいでしょう。

回転軸には軸受や歯車、その他の機械要素が組み付けられてSub Assyとして本体に組み込まれます。軸受などの圧入で、しまりばめやとまりばめの道中が長いと機械加工も組立作業も大変です。とくに圧入では、途中のわずかなかじりが雪だるまのように成長して、生材では大きなきずになり、次の部品が挿入できなくなります。そこで、**図表4.24**のように段つきとして、圧入部を最小にします。

段つきにできないときは、はめあい部位外の軸径を0.5mmほど小さくして逃がすと、きずも付かず組立作業や機械仕上げの時間が短縮されます。

図表4.24 段つき軸

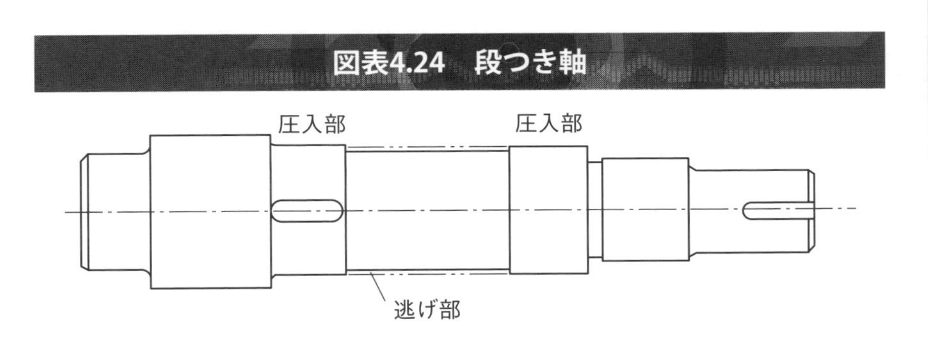

摺動軸

往復運動する本体をメタルやボールブッシュで受けてガイドする軸を摺動軸といいます。焼入れ研磨して耐磨耗性や外径公差を確保します。例えば材質はSUJ2、SUS420J2などを使用して、高周波焼入れで硬度H_RC58ていどに硬化させます。表面の薄い硬化層をさらに硬くするには、硬質クロムメッキをして研磨仕上げをします。

往復運動の際に外部の塵埃を持ち込まないようにスクレーパを取り付けることもあり、焼入れ研磨による硬化が必要です。とくに塵埃の多い場所では、蛇腹やブーツをかぶせて防塵対策をすることもあります。

軸の二面取り

軸にネジが切ってあるときは、スパナ掛けのための二面が必要です。これを忘れるとパイプレンチでひっかけて締付けるしかなく、軸をきずつけてしまいます。例えば、細目ネジが切ってある油圧・空圧シリンダのロッドには必ず二面取りがしてあります。

二面幅はスパナの口に合うようにJIS規格で決められた寸法とします。相手が固定され、軸を回す場合は二面であれば180°、四面取りならば90°スパナを回すことになります。なお、六角材を使えば二面取りは不要で、スパナを回すのは60°でよいことになります（**図表4.25**）。

図表4.25　二面幅

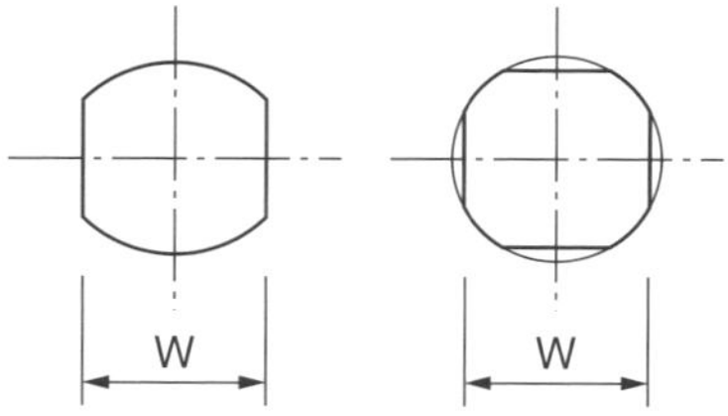

W

W

（a）　二面取り　　（b）　四面取り

軸の切り欠き

ねじりや曲げを受ける回転軸は、段つき部やキー溝、油穴、ネジなどの断面変化や切り欠き部に応力集中が起こり、破断しやすくなります。とくに段つきの近くでは、キー溝は避けるようにします。段のすみやキー溝の底のすみのrによる強度影響の計算式がありますから、これによって確認するのがよいでしょう。

強度が確保できないときはrを大きくとって、応力集中を緩和する必要があります。この場合、段つきのrが軸受などのraより大きい場合は軸肩にあたらないので、**図表4.26**のようなスペーサ（間座）を入れます。

図表4.26　切欠き対策

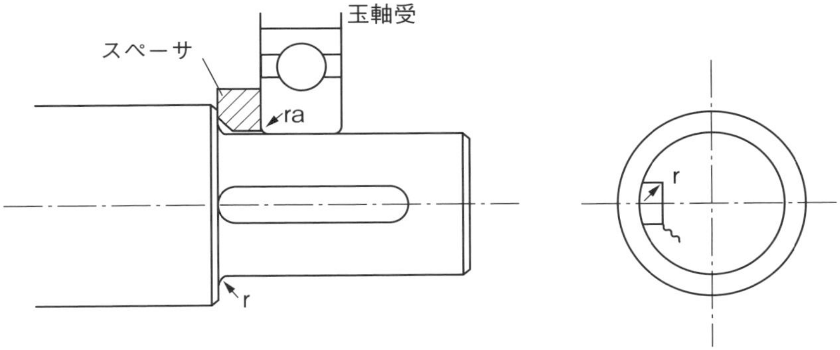

軸の面取り

軸の角部はC1などの面取り（Chamfer）をして角を落としますが、これは次のような理由によります。

①鋭いエッジになっていると、組み立て時に手を切る。
②部品組み立てのとき挿入しづらい。
③バリが脱落して潤滑トラブルを招く。

図表4.27　面取り

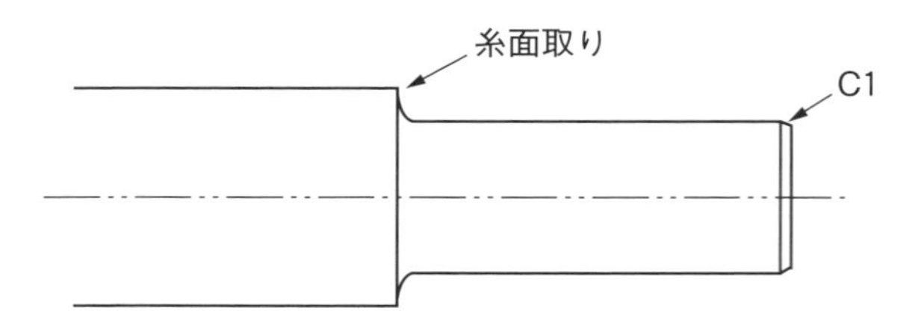

面取りは軸に限らず、部品全般に考慮しなければなりません。例えば、ボルトの先端に面取りしてないとめねじにねじ込みにくくなりますし、タップ穴の入口にも面取りしてないとねじ込みはほとんど不可能になります。

部品図に面取り個所が多くて煩雑であれば、「指示なき角部はC1面取りのこと」と注記欄にまとめて記載します。また、ほんのかえりをとるくらいの面取り（C0.2ていど）を糸面取りといいますが、必要な部分に「糸面取り」と指示しておけばよいわけです。また、刃物部品で刃の部分に面取りされては困る部分は、刃部から引き出し線で「面取り不可」と指示しておきます（**図表4.27**）。

軸継手は2軸を連結して回転や動力を伝えます。さまざまな種類があるので、組立誤差の吸収性や耐振動衝撃性、耐久性、安全性、保守性、価格などを考慮して選定します。

軸継手の種類

軸継手は大別して、固定軸継手とフレキシブル軸継手に分けられます。

固定軸継手は2軸の軸心を一致させ、軸角度を0°としなければなりませんが、比較的高速・大トルク向きで、静粛運転ができます。フレキシブル軸継手は心合わせが難しいときや、振動・衝撃を緩和したいときに適しています。各種軸継手の特徴を**図表4.28**にまとめました。

図表4.28　軸継手の種類

区分	形式	特徴	図示
固定軸継手	フランジ形	構造が簡単で安価、高速大トルク向き、リーマボルト、キー接合。	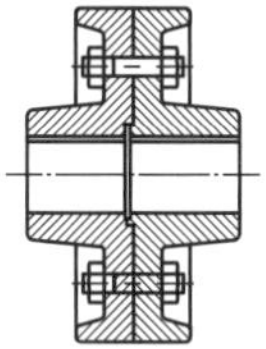
固定軸継手	円筒形	最も単純で安価、取外しには一方をずらす必要あり。	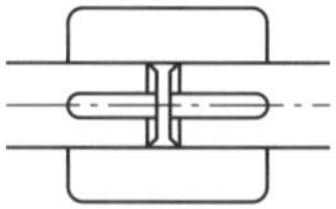
フレキシブル軸継手	フランジ形	弾性のあるブッシュを介して伝動。	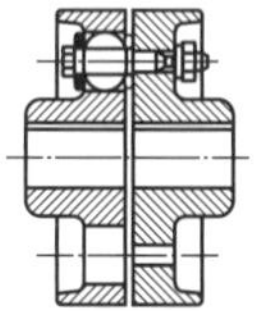
フレキシブル軸継手	ゴム軸継手	成形した合成ゴムを介して伝動。心ずれやトルク変動の大きい軸の連結。	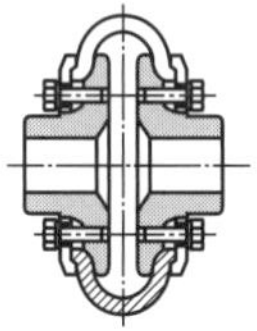
フレキシブル軸継手	チェーン軸継手	スプロケットに2列ローラチェーンをかけて伝動。分解容易で安価。	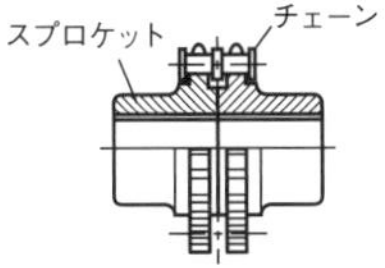 スプロケット チェーン
フレキシブル軸継手	歯車軸継手	外歯車と内歯車のかみあいで伝動。高価であるがコンパクトで大きなトルクを伝える。	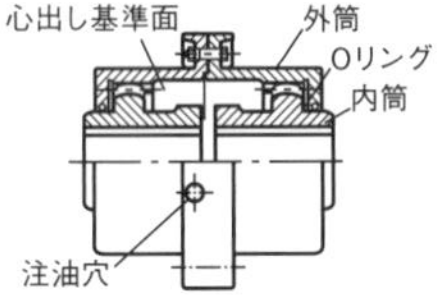 心出し基準面 外筒 Oリング 内筒 注油穴
フレキシブル軸継手	ディスク形軸継手	薄い円板を介して伝動。	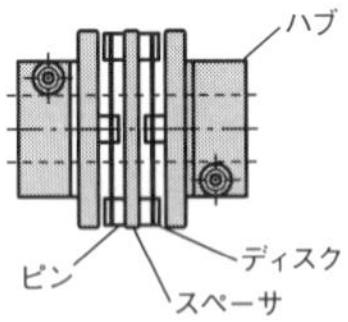 ハブ ピン ディスク スペーサ
自在軸継手	ユニバーサルジョイント	角度30°以下の交差軸に回転を伝達。単式は1回転中の角速度が変化する。複式は変化を打消して等速回転する。	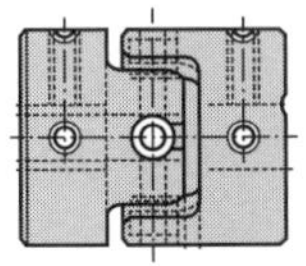

4-6 ピンの使い方

ピンは、軸と回転部品の締結や、部品の位置決めに使用されます。

テーパピン

　部品の位置決めやせん断力を受けるピンとして、テーパピンが使用されます。ピンを抜き取るために、**図表4.29**のような抜きタップ付きや、抜きボルト付きがあります。また、抜け防止のため反対側からナットで引張るピンも使用されます。

　位置決めピンを打つには、組立調整で最適位置を出したら、現場あわせでテーパ穴を開けます。その手順は、図(c)の場合、ピン穴を開ける部品の外側の部品に下穴を開けておき、相手部品と共加工でこの下穴にきり穴を立てます。次にリーマでテーパ穴を仕上げ、テーパピンを打ち込むのです。したがってその周辺は、電動ドリルやハンドリーマの現合作業ができるスペースが必要です。現物あわせですから、部品を交換すると位置は合わなくなります。

図表4.29　テーパピンの使用例

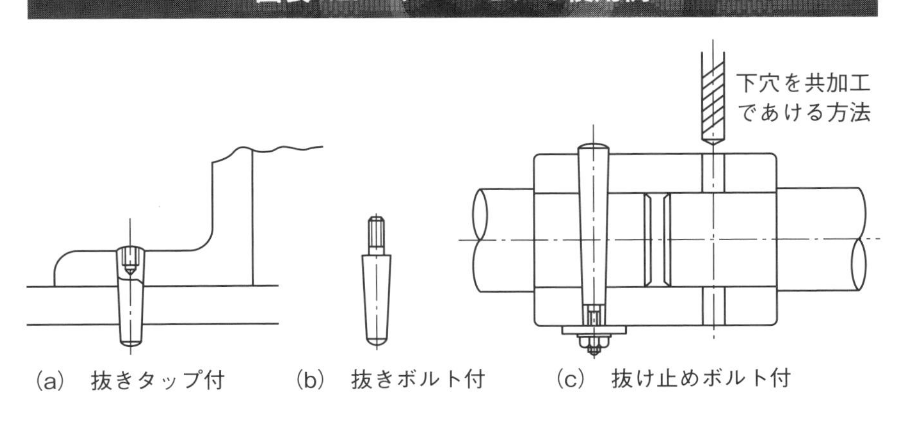

組立図と機械要素／**ピンの使い方**

平行ピン

2つの部品の位置を正確に出すために一方の部品に平行ピンを打ち込み、他方の部品の穴にはめ込んで合わせます。ですから、**図表4.30**(a)のように穴の寸法公差はとまりばめとすきまばめであけることになります。2つの穴は部品を組み立てて位置を出してから、共加工で下穴を開け、個別にリーマ加工します。

ピンの圧入に際しては、止まり穴ではピン穴の中の空気が圧縮されてピンが入らないので、ピンの片面にわずかな面取りをしてエア抜き（ベント）としたものもあります。また、とまり穴から抜くためには抜きタップ付きを使用します。貫通穴では図表4.30(b)のように工具を使って叩き出せるので、ピンの抜きタップやエア抜きは不要です。

スプリングピン

スプリングピンは、ばね用鋼をロール巻きしてピンとしたもので、簡易な位置決めによく使用されます。呼び径より少し大きい外径を持っているので、呼び径と同径のキリ穴を開ければプラスチックハンマーで打ち込めます。ロールの合わ

図表4.30　平行ピンの取付

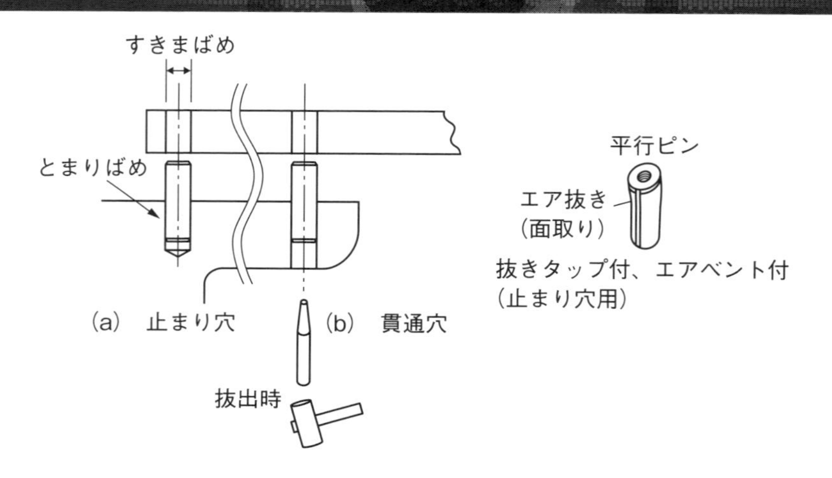

図表4.31　スプリングピンの打込み

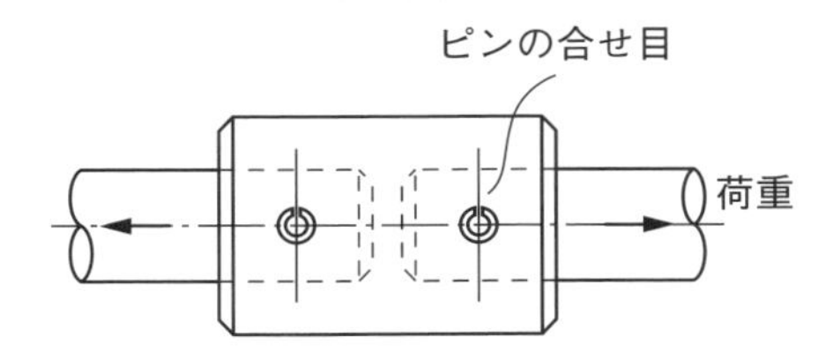

せ目は荷重方向に向けず、90°ずらして打ち込みます。抜き出しは同径の丸棒をあててハンマーで叩きます（**図表4.31**）。

テーパピンと同様に2部品の位置決めに適していますが、重荷重や振動衝撃荷重には不適当です。

歯車はコンパクトで、確実な回転伝動ができ、高速大動力の伝達ができます。種類がたくさんあるので、その特徴を生かして選択しましょう。

歯車の種類

歯車は、軸の関係位置により3つの種類があり、歯すじ形状はすぐ歯・はすば歯・まがり歯などがあります。**図表4.32**に歯車の種類をまとめました。

歯車の転位

平歯車の歯形は、歯切りに基準ラック工具を使用して精密な加工ができるインボリュート曲線が広く使われています。歯先が基礎円内を通過するとき、相手歯車の歯元を削る干渉が起こります。これをアンダーカット（切り下げ）といい、圧力角20°では歯数17枚以下で起きます。

アンダーカットで歯が弱くなるので、転位して歯切りします。ラック工具の基準ピッチ線を歯車のピッチ円より外側に離して歯切りすると、頑丈な歯形の転位歯車になります。転位してもモジュールが同じなら、かみ合いに問題はありません。

歯車の転位はアンダーカット対策として考えられましたが、設計上有用なのは軸間距離の調整に利用できることです。軸間距離が既定で標準のピッチ円径を選べない場合に、かみ合いピッチ円径を変更して合わせることができます。詳細はメーカーカタログを参照下さい。

図表4.33(a)は歯切りラック工具を外側へxmだけ転位して、かみ合いピッチ円径dを（d＋2xm）とした例です（x：転位係数、m：モジュール）。図表4.33(b)は内側へ転位してアンダーカットが大きく歯元が弱くなります。

図表4.32　歯車の種類

軸位置	種類	特徴	図示
平行軸	(a) 平歯車	歯すじが平行で高精度の加工ができる。	
	(b) はすば歯車	歯すじはつる巻き状で、スラスト荷重が生じる。 高速・大負荷伝動ができ、騒音が少ない。	
	(c) やまば歯車	はすば歯車を対としてスラストを打ち消している。	
	(d) 内歯車対	遊星歯車として減速比を大きくとれる。軸継手に使われている。	
	(e) ラック・ピニオン	平歯車のピッチ円径を無限大にしたものがラックである。 回転運動⇄直線運動の変換に使用される。	ピニオン ラック
交差軸	(f) すぐ歯かさ歯車	角度のある回転軸に回転を伝動する。	
	(g) まがり歯かさ歯車	すぐ歯を曲線とすることにより、滑らかで騒音が少ない。 高速・大負荷だが高価。	
食違い軸	(h) ねじ歯車	はすば歯車の軸が交差する形で歯切した歯車。大負荷に適さない。	
	(i) ウォーム歯車	ねじ歯車を直交した形。大きな減速比が得られるが、伝達効率が低い。	円筒ウォーム 円筒ウォームホイール
	(j) ハイポイドギア	軸心がずれたかさ歯車。加工は難しい。	

図表4.33　転位歯車（KHKカタログによる）

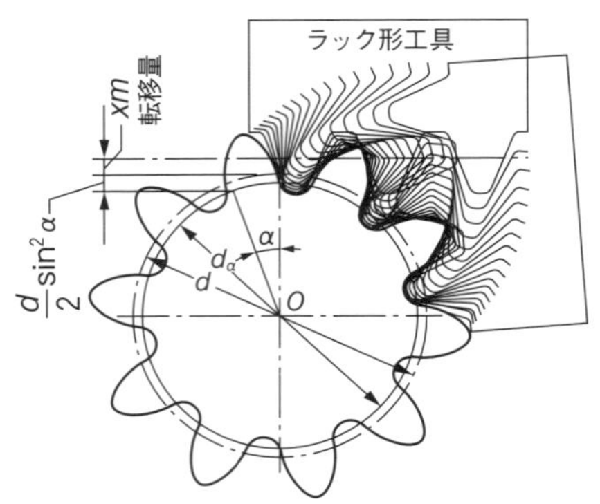

(a)　正転位平歯車の創成
（α＝20°、z＝10、x＝＋0.5）
圧力角、歯数、転位係数

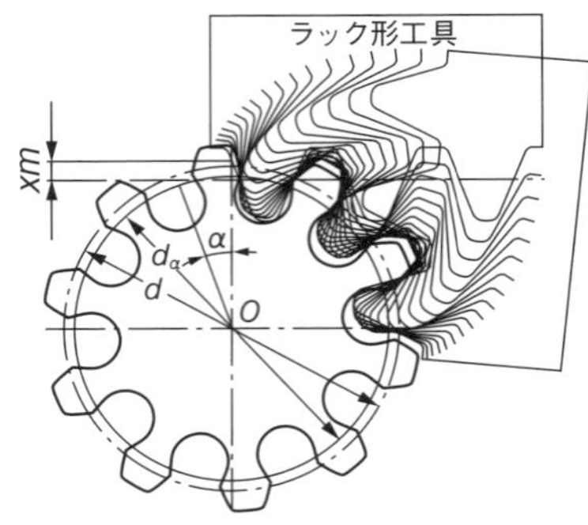

(b)　負転位平歯車の創成
（α＝20°、z＝10、x＝－0.5）

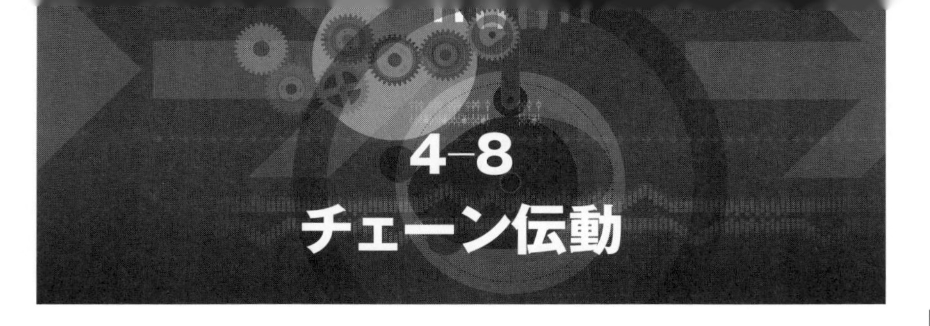

4-8 チェーン伝動

チェーン伝動とは、チェーンとスプロケットのかみ合いによって回転や動力を伝える巻き掛け伝導で、比較的低速大容量の伝達を経済的に行います。

ローラーチェーンの長さ

チェーンの長さを求めるには、２つのスプロケットの歯数と軸間距離から所要リンク数を計算する式を使います。

リンク数は切り上げて偶数となるように決め、ジョイントリンクで両端を連結します。奇数になる場合は再度歯数と軸間距離を変えて計算しますが、変えられない場合は奇数リンクにオフセットリンクを継いで連結します。ジョイントリンクは割りピンまたはスナップリンクを外してピンを抜き、端部のローラーに通してピンを挿入し、割りピンで留めて連結します。偶数のチェーンリンクに対してスプロケット歯数は奇数として、回転中の片当たりを防ぎます（**図表4.34**）。

図表4.34　チェーン

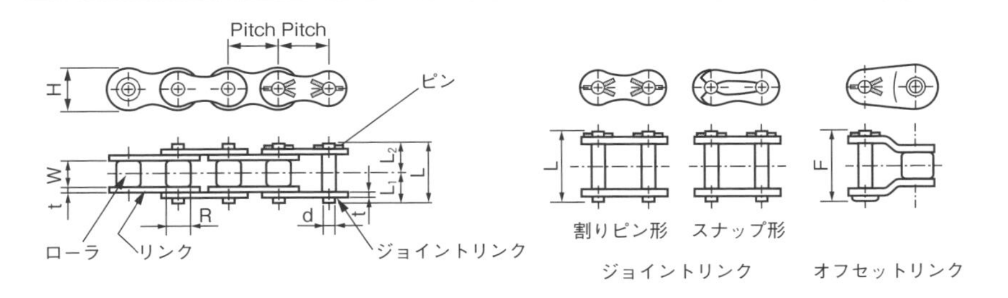

チェーンテンショナ

軸間距離が長いと、チェーンが振動したり、ブッシュ磨耗により伸びが大きくなります。そのため軸間距離は、リンク長さの50～60倍を目安とします。

また、チェーンによる変速比、つまり、大小スプロケットの歯数比は最大1/5、巻き付け角は120°以上といわれ、チェーン速度は 5 m/sが上限です。チェーンが長い場合は、チェーンガイドやテンショナをゆるみ側に入れて、チェーンが伸びても確実なかみ合いを確保します。

図表4.35は偏心式のテンショナで、丸棒によりアイドラーを偏心させてチェー

図表4.35　チェーンテンショナ

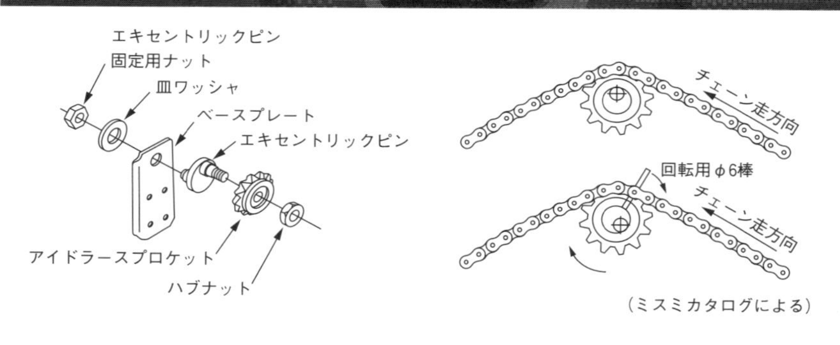

（ミスミカタログによる）

図表4.36　シェアピン

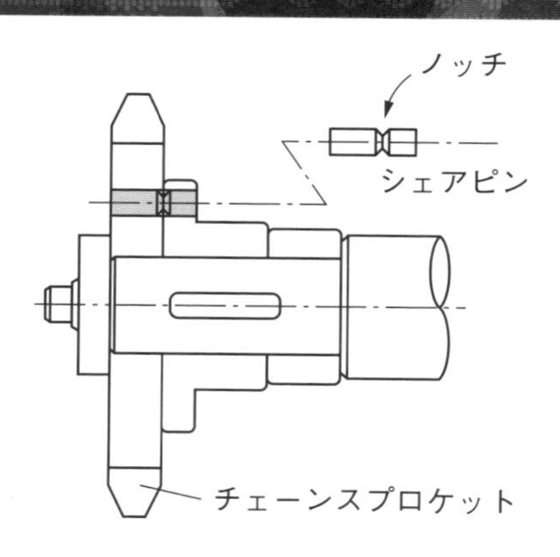

ンを張ります。偏心式は正転逆転用に使用すると固定ナットがゆるむため、ゆるみ側専用となっています。

テンショナはこのほか、ゴムの弾性を利用するものなどが各種市販されています。なお、チェーン伝動は確実伝動ですから過大な負荷がかかって装置を損傷しないように、シェアピンやトルクリミッタをスプロケットに組み込んで過負荷時に空転するようにします。**図表4.36**はシェアピンの組み込み例ですが、トルクリミッタはまさつ板をはさみ込み、過負荷でスリップさせるようになっています。

四方山話

企業の社会的責任

最近は企業の社会的責任（CSR*）がいわれ、企業が社会に対してどんな貢献をしているかが問われるようになってきました。

バブルが崩壊して人手不足が一転、人員過剰になった時代には、どの企業も新卒採用を控えました。この就職氷河期に、10社以上の入社試験を受けていずれも不合格となり、人生の出発点で壊滅的なダメージを受けた新卒学生も多くいました。そのため自信喪失して、いわゆる「引きこもり」が数多発生したのではないかと思います。

採用を手控えた時代の年齢層は、人材が手薄なため、技術の伝承等に支障をきたすといったかたちでツケがまわってきているようです。企業たるもの、不況下にあってもコンスタントに卒業生を引き受け、CSRを果たして欲しいものです。

＊　CSR　Corporate Social Responsibilityの略。

4-9 ベルト

2軸間で回転を伝えるVベルトは、構造が簡単で安価なことが特徴です。摩擦伝動のため、過負荷に対してはスリップして機械への衝撃を緩和しますが、タイミングをとるような正確な伝動には不適当です。

Vベルトの形状寸法

Vベルトは心体を合成繊維やガラス繊維などで補強したゴム成形品で、40°の台形断面を持っています。Vプーリの溝は34°～38°ですから溝に食い込む摩擦力によって大きな動力を伝達できます（**図表4.37**）。最近では台形断面に切り込みを入れて曲がりやすくし、損失動力を低減した省エネ型もあります。

JIS規格では断面寸法としてM、A、B、C、D、Eの6種類を規定しており、それぞれについてVベルトの有効周長の標準長さを規定しています。その呼び番号は周長をインチ表示した数字です。軸間距離とプーリ径から周長を計算しても余りが出るので、一方の軸を移動して張りを与えられるようにしておきます。運転中にもベルトが伸びるので、定期的に点検して張りを与える保守が必要になります。電動機ではスライドベースでベルトを張るようにしています。

図表4.37 Vベルト寸法

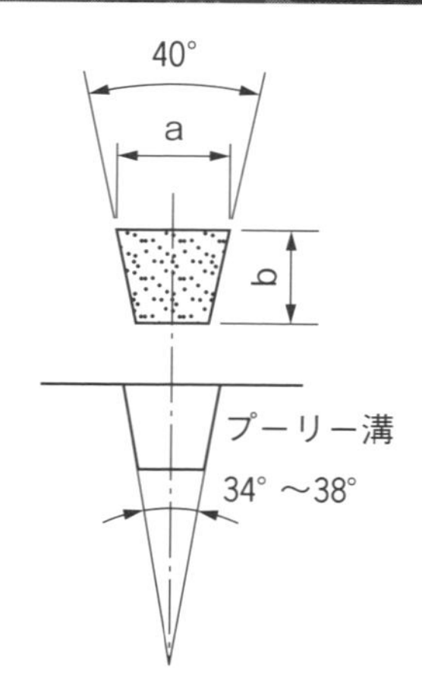

4-10 タイミングベルト

タイミングベルトは歯付きベルト、同期ベルトともいわれ、ベルトとプーリの歯がかみ合うので正確な回転を伝達することができます。軽負荷で、高速・高変速比で使用され、最近は回転数の正確なカウントやデジタル化でよく使用されるようになりました。

タイミングベルトの構造

タイミングベルトはグラスファイバーコードのより線で歯付きゴムベルトを補強したもので、標準タイプのほかにハイトルクタイプも選定できます（**図表4.38**）。ベルトとプーリのかみ合い時に多角形にベルトが変形して、歯数が少ないと回転むらや騒音がありましたが、ハイトルクタイプでは歯型・溝型を適合する円弧に改良して騒音や耐久性を向上しています。

ベルトの選定は基準伝動容量の表から、かみ合い補正係数と幅補正係数を考慮して伝導動力を確認します。ベルトの取り付けのためにプーリを軸間距離よりも内側に移動できるようにしておき、伸びに対して張りを与えられるように外側への移動も調整できるようにしておきます。

図表4.38　タイミングベルト

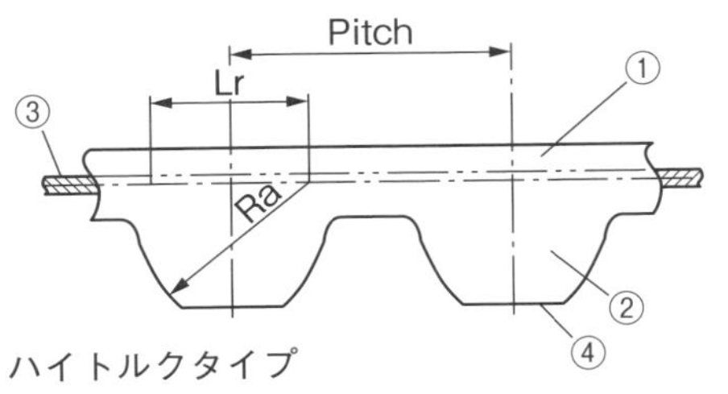

	Ⓜ材質
①背ゴム	クロロプレンゴム
②歯ゴム	クロロプレンゴム
③芯線	グラスファイバコードS・Z撚り
④下布	ナイロン織布

出典：ミスミカタログによる

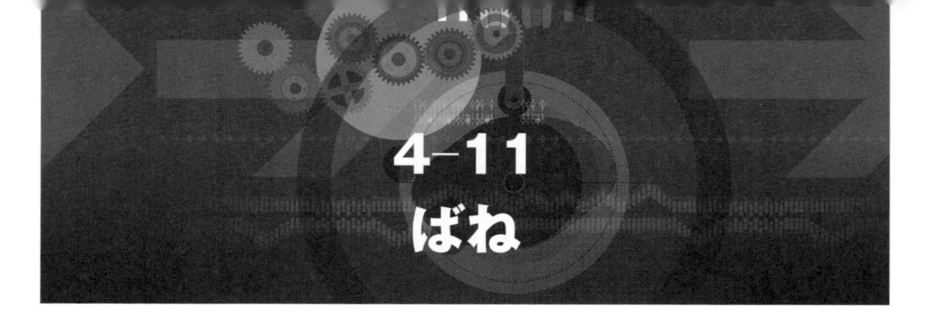

4-11 ばね

ばねは弾性変形によりエネルギーの吸収や放出をする要素で、衝撃緩和や押し付け・引張力の付加の機能を持ちます。断面が円形、角形の線材をコイル状に巻いたコイルばねは、形状が簡単で製作費が安く、よく使われます。

コイルばねの使用法

コイルばねの形状は円筒形、円錐形、たる形、つづみ形があり、用途としては引張り、圧縮、ねじり用があります。

ばねの取り付けに際しては、熱処理されて硬いばねが部品に直接当たらないように、**図表4.39**のようにばね座を入れて組み立てます。付加力の調整が必要な場合は、ばね座をネジで締め込んでロックします。

ばねの固有振動数に近い周期的な荷重がかかると、ばねは共振して激しく振動します。このサージングによってばねに大きな力がかかり疲労破壊しますので、ばねの固有振動数は回転数など外力の周期の15倍以上とします。

ばねのヘタリを嫌うときは、ばねに塑性領域の荷重をかけて弾性限度を高めるセッティング処理を指定します。

また、疲労限度を高めるには素線の表面粗さをあげて疲労破壊のもととなる切り欠きをなくしたり、ショットピーニングを指定して素線の表面に残留応力を与えておきます。

図表4.39　安全弁

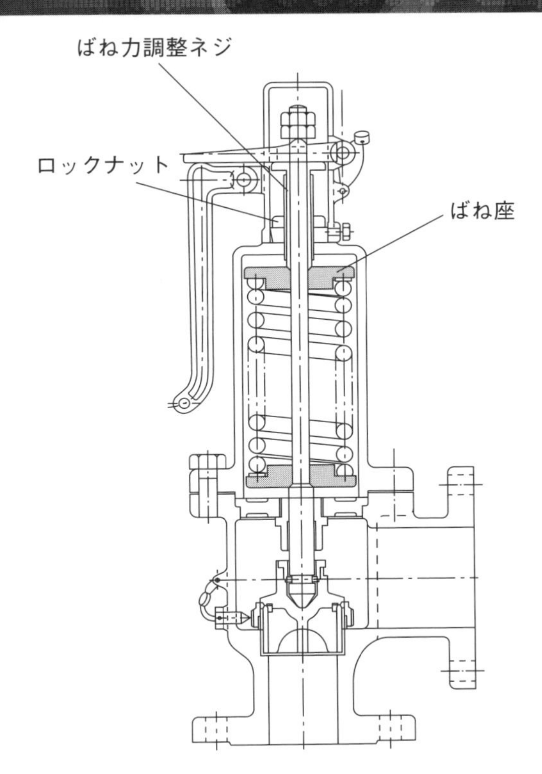

4-12 トグルクランプ

トグルとは、４節リンクを利用した倍力機構です。ハンドルを倒すことによりすばやく大きな締め付け力を得られるので、治具などによく使われます。

トグルクランプの用途

トグルクランプは溶接や切削加工のワークの取り付け・取り外しの頻繁なところに適していますが、カバーや点検扉の締め付けにも使用できます。横押しや縦締め、ハンドル向きなどバリエーションが多いので適切な形状を選択します（**図表4.40**）。主なメーカーのカクタ社では、エアシリンダーによるハンドル操作型も販売しているので、自動化も可能です。

図表4.40　トグルクランプ（カクタカタログによる）

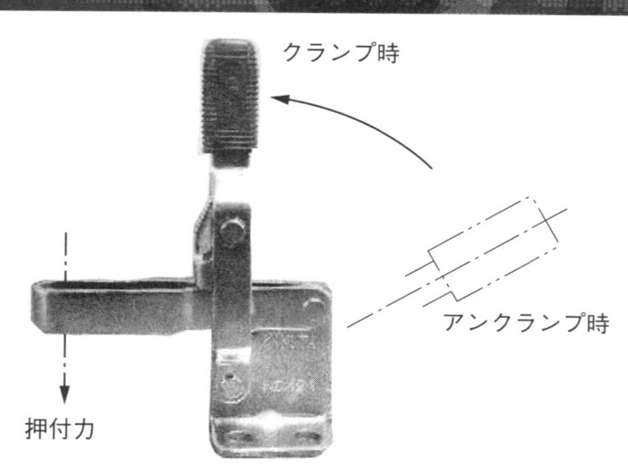

4-13 座金

座金とはボルト・ナットが直接部品と接触しないようにかませるワッシャのことで、締め付けで傷んでも簡単に交換できます。ここでは舌付き座金・歯付き座金以外の主な座金について考えます。

平座金

締め付け部品の面が粗いときや、面圧強度がないとき、きずつけたくないときやボルト穴が規定以上に大きいときには、平座金を入れます。また、調整用の長穴はボルトの掛かりが少ないので、必ず平座金を使用します。

ばね座金

振動で締め付け力が変化してゆるみやすい部分には、ばね作用によって締め付け力を保持するばね座金を使用します。締め付け部品を傷めないように平座金を併用します。

テーパ座金

形鋼の刃の部分は勾配がついているので、ボルト締めのために逆勾配の座金を入れて平面座を作る座金がテーパ座金です。勾配は**図表4.41**のように、I形鋼は8°、溝形鋼（チャンネル）は5°なので２種類の座金があります。なお、山形鋼（アングル）とH形鋼には勾配はないのでテーパ座金は不要です。

機械のベースに形鋼を使用して基礎ボルトが勾配にかかるときは、このテーパ座金をベースに点付け溶接しておきます。

図表4.41　テーパ座金

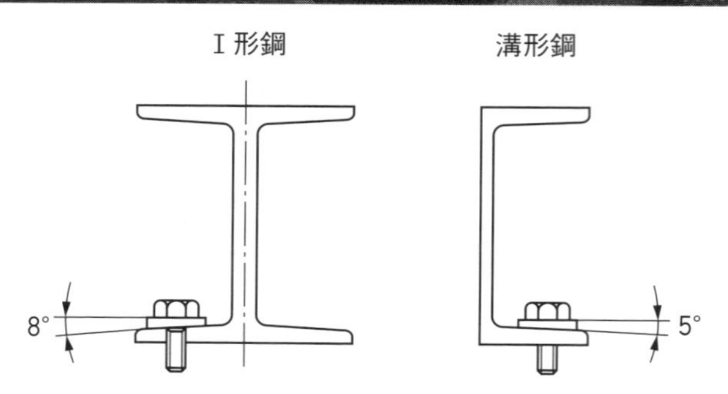

四方山話　転職と天職

ドイツ人は一生のうちで職を３回替えるといわれます。まず、学校を出て適当な就職先を見つけ、社会を知る。次に、自分の腕を磨ける職場に移り、最後にその腕を買ってくれるところに勤めるというのです。いかにも合理的で、ドイツ人らしい考え方です。そこはマイスタ制度で知られるような技能尊重の社会であり、日本のように終身雇用で一発で人生を決めるような無理がありません。

日本も雇用の流動化が進み、定年まで同じところに勤めるということがなくなっていくのかもしれませんが、「転石苔むさず」ともいいます。まずは、「石の上にも三年」という忍耐と努力が先だと思います。

4-14 ハンドル・レバーの選定

機械のハンドルやレバー、ノブなどは人間が直接触れる部分で、美観や触感、操作しやすさなどから適切なものを選んで使用します。

カタログ品の選定

握り玉の付いたレバーや丸ハンドル、プラスチックのグリップやノブなど、市販品で使いやすいものが選択できます。これらは図面を書いて製作しても、高くて使いにくいものになりますから、メーカーカタログによってうまいものを選択します（**図表4.42**）。

図表4.42　ハンドル

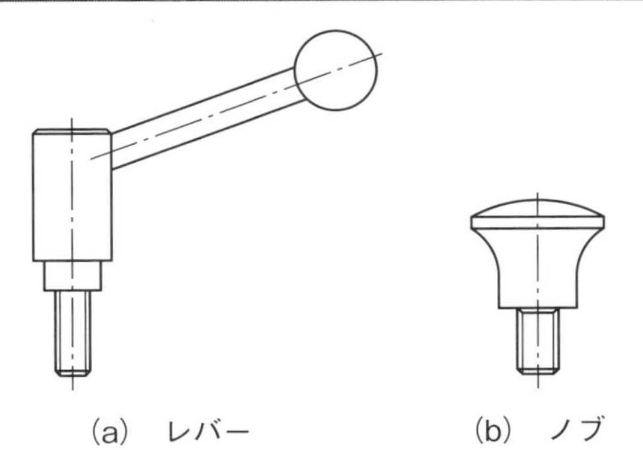

(a)　レバー　　(b)　ノブ

4-15 Oリングの使い方

Oリングは、弾性体（エラストマー*）を成形した円形断面の環状のシール要素です。シールの方向性がなく、使用圧力範囲が広く優れた流体の漏洩防止機能を持つうえ、価格が安く、取り付けスペースが小さいという特長があります。

Oリングのシール特性

通常のガスケットはフランジによる締め付けによって漏洩防止しますが、Oリングは**図表4.43**のように溝の中で圧力を受けて変形して漏洩防止する自己シール形です。したがって、強力な締め付け力を要しないので、設計しやすく組み立てやすいのです。

図表4.43　Oリングの圧力変形

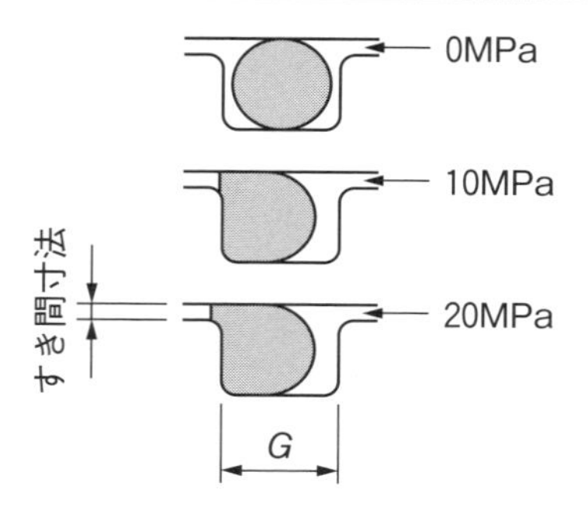

*　Elastic Polymer

Oリングの材質

Oリングはエラストマーですから、耐熱性と耐溶剤性が問題になります。JIS規格では耐鉱物油性、耐ガソリン性、耐熱性により6種類の材質を規定しています。

その材質表示のために、リングの外側に材料識別色のペイントで丸い点が塗布されています。例えば、耐鉱物油性でゴム硬度Hs70のOリングは、青い点が1点つけられています。

Oリングの種類

Oリングは用途によって運動用、固定用が規定されています。

Pシリーズは運動部のシールで、パッキンとして使用しますが、固定部にも使用できます。Gシリーズは固定部のシールでガスケットとして使用しますが、細くてねじれるので運動部には使用できません。Vシリーズは真空部の固定用に使用します。以上をまとめると、Oリングは**図表4.44**のように分類されます。

Oリング溝

Oリングがシールする面には平面と円筒面があり、それぞれに溝寸法が規定さ

図表4.44　Oリングの種類

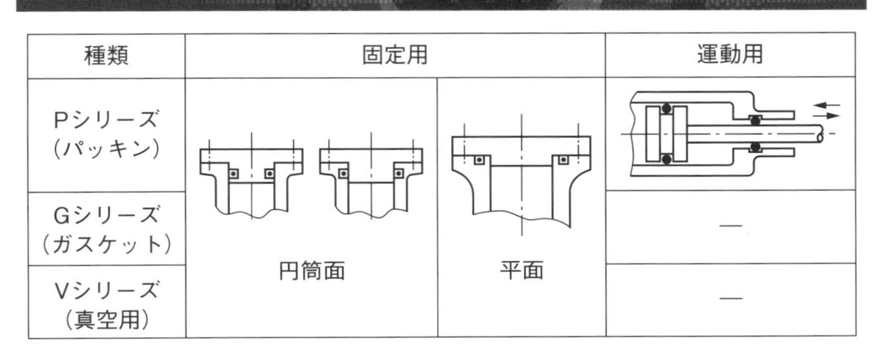

種類	固定用		運動用
Pシリーズ（パッキン）	円筒面	平面	
Gシリーズ（ガスケット）			—
Vシリーズ（真空用）			—

図表4.45　はみ出し限界（JIS B 2406抜粋）

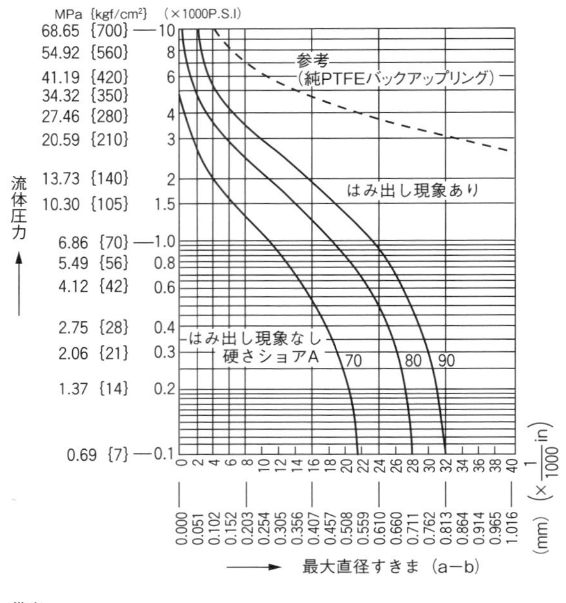

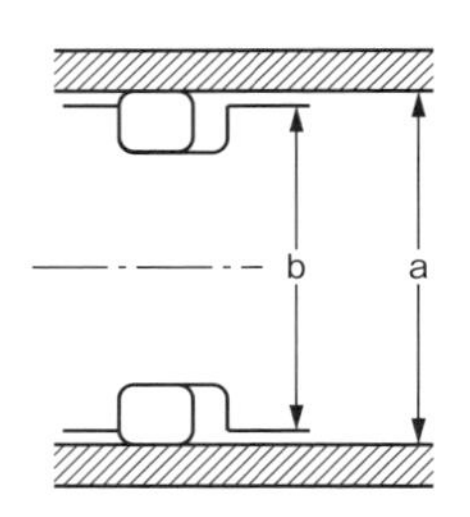

備考
1. 試験条件
①バックアップリングは使用していない。
②流体圧力によるシリンダの膨らみは、ゼロとする。
③ゼロから図示圧力まで150回/分のサイクルで10万回後の結果である。
2. 液体圧力によるシリンダの膨らみが予想される場合には、図の値の75%以下のすきまにしなければならない。

（JIS B 2406抜粋）

れています。

円筒面では、合わせ面の隙間と使用圧力からOリングが使用できるか**図表4.45**で確認します。Oリングの硬さに対するはみ出し曲線より上にあるとはみ出しとなり、硬さを上げるかバックアップリングを併用します（JIS B 2406による）。

なお、圧力が4 MPa以上になると、合わせ面の隙間からOリングが押し出されてしまうので、バックアップリングを併用します。バックアップリングを使う場合の溝の巾寸法Gは、別に規定されています。

Oリング溝の特殊型として、**図表4.46**のようにOリングを保持しやすいアリ溝型、簡便形として角部を面取りした三角溝型があります。

図表4.46　特殊溝

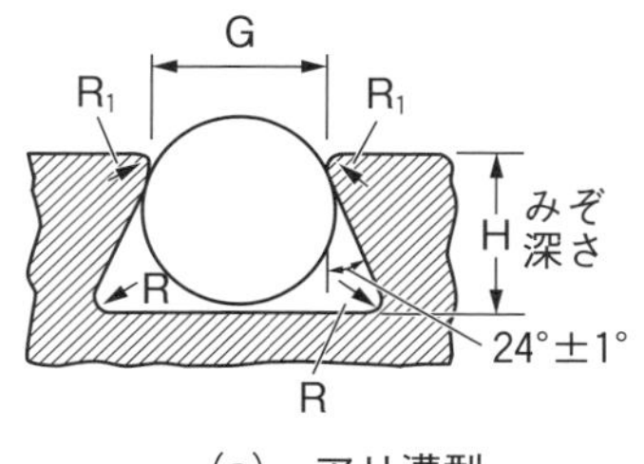

(a)　アリ溝型

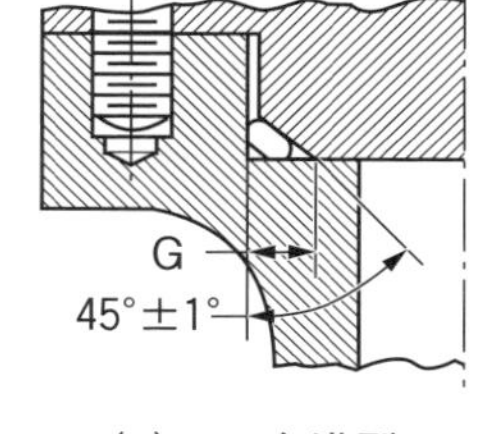

(b)　三角溝型

また、溝の仕上げ粗さは圧力変化がある場合と、定圧の場合が規定されています。往復動ポンプのように脈動がある場合ではＯリングが叩かれるので粗さを1.6a（円筒面は0.8a）に仕上げ、遠心ポンプのように一定圧の流体の場合ではＯリングは静止しているので、粗さは3.2a（円筒面は1.6a）に仕上げます。

四方山話

Ｏリングの発明*

単純な形状で、コンパクトで安価な抜群のシール性能を持つＯリングは、誰が考案したのでしょうか。

1930年代に米国で各種シール材の研究が進められ、ニールス・クリステンセンという人の研究が貢献してＯリングができました。そしてニトリルゴムが使われるようになって急速に進歩し、第２次大戦直前の1940年に米軍用機の油圧系統用シールとして標準化されました。戦争が技術の発達を促進するとともに、技術力の差が戦力の差になるといえるようです。

バックアップリング

流体圧が高いときやスキマが大きいときにＯリングがスキマから低圧側にはみ出し、破損に至ります。そこで、はみ出し現象を抑えるためにバックアップリン

＊　Ｏリングの発明　この欄は、三菱電線工業(株)資料による。

図表4.47　バックアップリング装着例

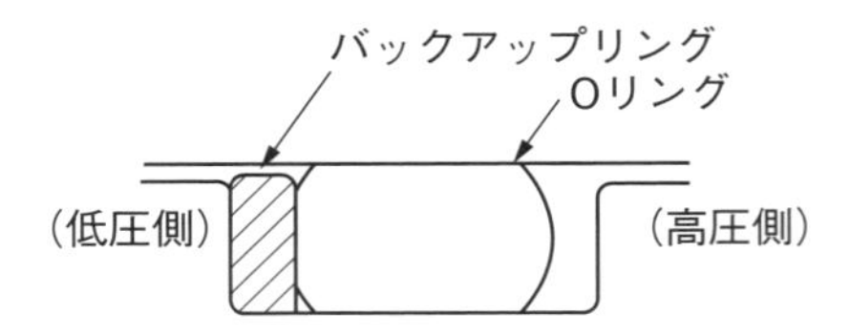

図表4.48　バックアップリングの形式

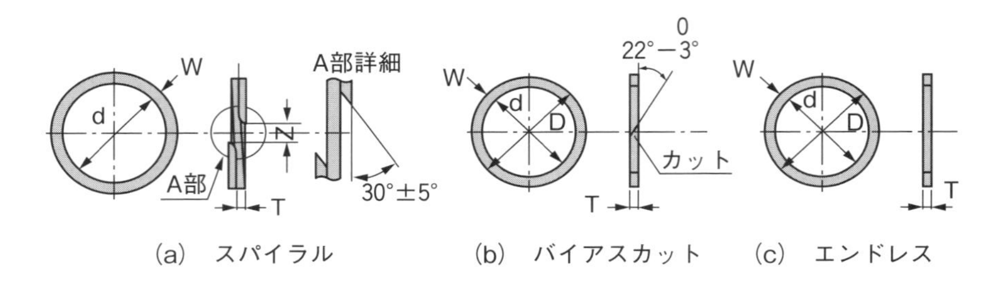

グを併用します。

バックアップリングは高圧を受けてスキマを埋め、Oリングを保持します（**図表4.47**）。みずからはみ出さない強度を持たせるため、材質は硬質ゴム、PTFE、ナイロン、軟質金属などを使用します。

図表4.48のようにバックアップリングの形式としてはスパイラル、バイアスカット、エンドレスがあります。

(a)、(b)は切目があるので装着しやすいのですが、エンドレスは切目がないので装着に難があります。エンドレスは分割溝にしないと取付けられないのですが、シール性はよいです。

第5章
部品図の書き方

◆計画図としての部分組立図から、個々の部品を抜き出して部品図を書くことを「ばらす」といいます。ばらしたあとで組立図の変更が出ると、関係する部品図はすべて訂正になりますので、ばらす前の組立図の検図はとくに重要です。

◆構造の詳細を示す組立図に対して、個々の部品の詳細仕様を定義し、製作情報を確定する部品図の書き方について学びましょう。

5-1
部品図と部品表

部分組立図は部品図にばらされ、製作図として部品の製作に使用されます。これらの部品群をまとめた表を部品表（Bill Of Materials）といい、生産の手配など、生産管理に使用されます。

部品図と図面番号

部品図はその部品の製作に関するすべての情報を盛り込んだ図面で、必要によって素材図、板金図、鋳造図、機械加工図など工程別に分けることもあります。

ばらされた部品図は製作図として部品の製作に使用されますが、部品図の作成にあたり、製作しやすく形状寸法などを多少変更することもあります。一品生産または少量生産では、生産設計に特別に時間をかけられませんが、量産では試作設計後、１円でも安く作るために生産設計を十分に検討します。部品図作成での変更がのちに重大な支障になることがないように、総合チェックの意味で部品図を寄せ集めて部分組立図を書きます。

部品図はこれ以上分割できない最小単位の部品ですが、図面番号（図番）を割

図表5.1　図番の構成例

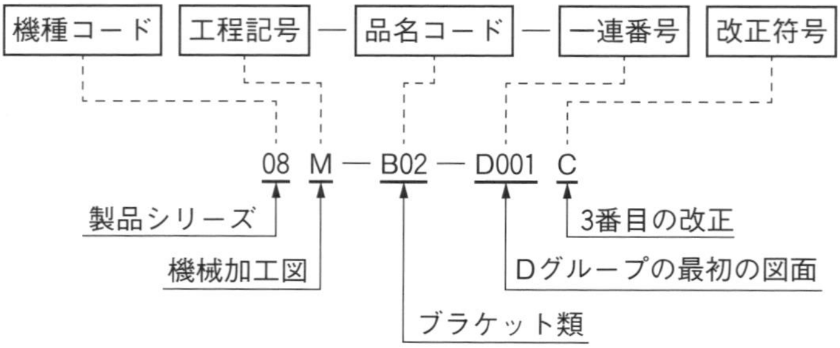

り当てて、1対1に対応させます。つまり、ある図番は1つの部品をあらわし、1つの部品は1つの図番を持つことにします。これを一品一葉の原則といい、1枚の図面に2品を書いたり、1個の部品を2枚の図面に書いたりしないのが原則です。ただし、1個の部品を複数枚に書いて同一図番とし、枝番を付すことは差し支えありません。

図表5.1は、図番に意味づけを持たせた構成例です。

部品表とは

機械は部品やサブアセンブリによって構成されますが、これらをリストにして製造手配や購入、組立工程で使用する表を部品表（B/M*）といいます。部品表には品名、図番、材質、数量などの明細が記載してあり、部品図とともに製作指令の基本的な情報になります。

部品表を構成から見ると、サマリ法とストラクチャ法に分けられます（**図表5.2**）。

サマリ法は1台の機械に必要な部品をすべて列挙して、必要な部品数量をまとめて記載する方式です。共通部品が少なくサブアセンブリが少ない単純な部品構

図表5.2　部品表の種類

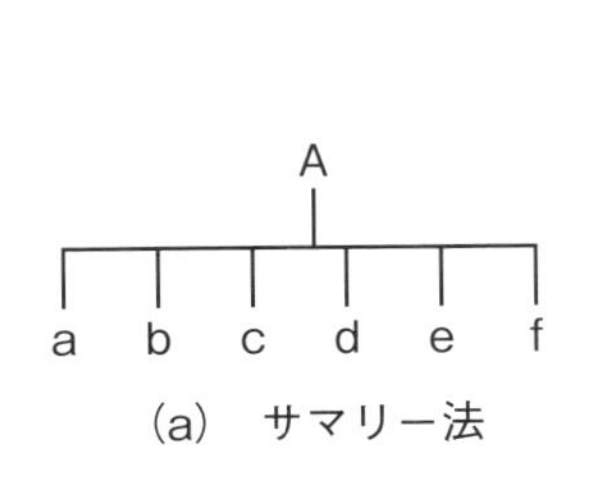

(a)　サマリー法

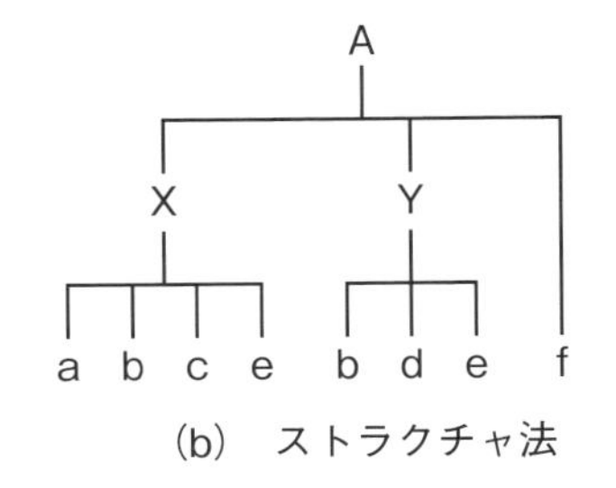

(b)　ストラクチャ法

A：機械
X, Yサブアセンブリ
a～f：部品

＊　B/M　Bill of Materialsの略。

成の機械の流れ生産に向いています。

ストラクチャ法はサブアセンブリの部品構成を明示する方式で、共通部品の多い機械の断続生産に向いています。

生産手配のしかた

生産手配の基本的な資料は、製品仕様書と、組立図、部品図、部品表です。

部品や材料の手配方法には、社内製作、外注製作、市販品購入、在庫引当があります。

部品表から部品展開して総所要量を計算し、在庫数量を差し引いて、内作外作の製作指示を出し、日程計画を立てることになります。

5-2 部品図作成上の注意点

部品図はすべての製作情報を盛り込んだ製作指令書です。部品図の作図上の一般的な注意点について学びましょう。

主要部品から書く

部品図を書く順序としては、構造上機能上、重要な部品から書いていきます。重要部品を優先して固めてから、付属的な部品を書くのが順序です。

加工ヘッドや本体フレームなどの主要部品を書いてみると、変更したいところが出てくるものです。このとき、小物のふたやブラケットなどが先に書いてあると、全部変更となりかねません。小物は書きやすく、図面枚数がはかどり、能率的にみえますが、しんどくても、大物を先に書いて問題をつぶしてからにしましょう。

投影図の選び方

主投影図としては、部品の形状・機能・寸法を最もよくあらわす方向から見た図を選び、必要に応じて側面図、平面図を添えます。

投影図は必要最小限としますが、選ぶ際には**図表5.3**のようになるべく破線のない、実線だけであらわせる投影図を選びます。

関連する寸法はまとめて記入するのですが、もし、三面図の中に寸法の入らない投影図があれば、図形情報として十分すぎるのでその投影図は不要ということになります。

図表5.3　破線のない図面

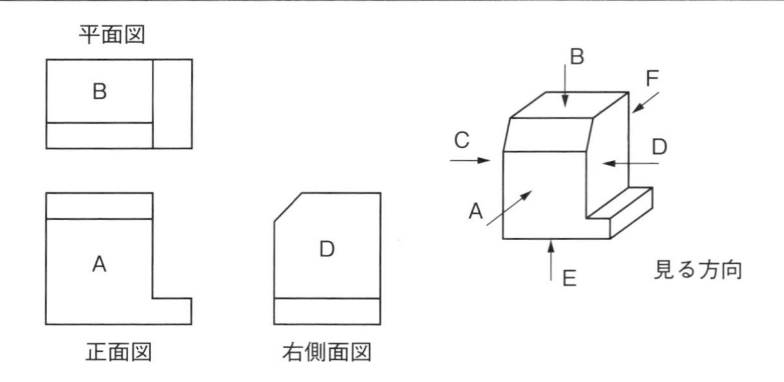

戻り工程を避ける

図表5.4のような部品は、旋盤加工してから溶接し、再度旋盤加工をします。

工場レイアウトが機械工場と溶接工場に分かれているジョブショップ制だと、運搬待ちが発生してリードタイムが長くなりがちです。作りやすさの点から考えると、（工程が輻輳するのでよくないのですが）前加工は必要といえるでしょう。

ラインショップ制では流れは一方方向ですから、旋盤が 2 工程となり 2 台必要となることを心得ておきます。

図表5.4　旋盤と溶接工程

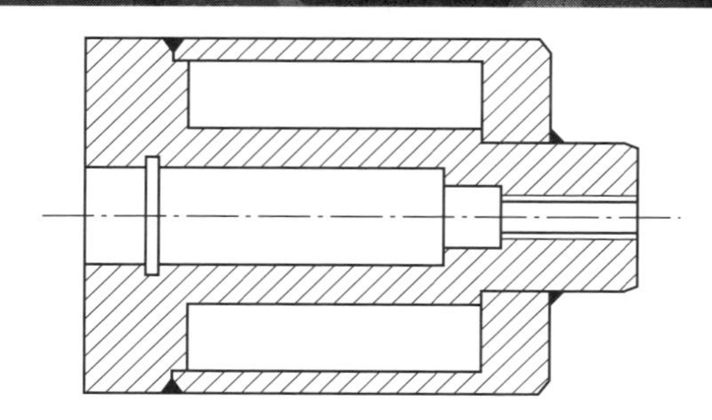

四方山話　ジョブショップとラインショップ

ジョブショップとラインショップというのは工場レイアウトの基本的な形態で、次のような特徴があります。

●ジョブショップ制（機能別配置）
・個別生産向き
・旋盤、フライス盤、板金加工機など同種設備をまとめて配置する。
・設備と作業者の管理はしやすいが、運搬や加工待ちが発生し、生産リードタイムは長くなる。
●ラインショップ制（品種別配置）
・量産向き
・同一品種を専用ラインで流すもので、リードタイムは短いが、設備台数が多くなり、生産変動に対応しにくい。

特殊工具は使わぬように

部品の製作には、現場の標準的な工具や加工機で加工できるように配慮し、特殊な工具・設備は使用しないように設計します。どうしても必要で特殊工具を作るか購入しなければならない場合を除き、設計の不用意で手持ちの工具が使えないという事態は避けたいものです。旋盤バイトのチップのノーズRでも、0.4、0.8、２、４がメーカー標準のところ、勝手にすみ部のR寸法を書くと、研磨して修正することが必要になります（**図表5.5**）。

図表5.5　バイトのノーズR

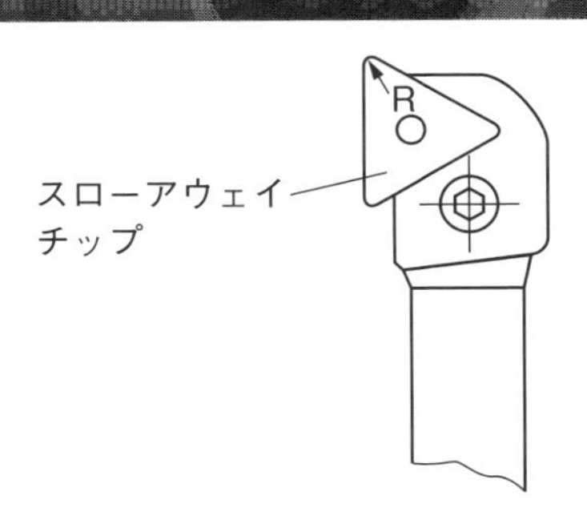

ただし、能率を上げるための加工治具は大いに考案すべきですが、これは生産技術の担当業務になります。

工具の逃げ

機械加工では、切削が終了したとき、切削抵抗をゼロにする離脱部が必要になります。例えば、**図表5.6**のように旋盤でメネジを切るとき、切り終わりでバイトが逃げるためのスペースは、ネジピッチの２、３山分といわれます。スロッターのキー溝加工でも、バイトの往復する上下端に空間を設けます。

図表5.6　工具の逃げ

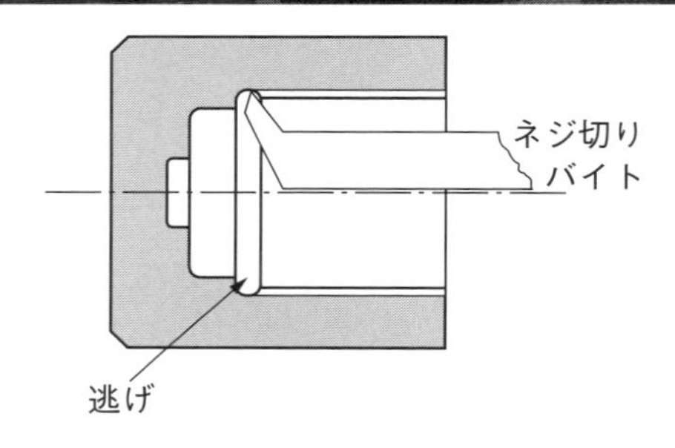

ぬすみの考慮

部品図は紙に書くので、重量は意識されませんが、実際の部品は金属が多いので意外に重くなります。部品には荷重をさほど負担していない部分があり、重量制限がなくてもこの肉をぬすむとデザイン的にすっきりしてきます。肉を減らした材料費低減と、肉を取る加工費増加を考えて、重量とデザインの兼ね合いをはかります。

機械加工部品や溶接部品では、肉厚の急変する部分の応力集中を避けるために、徐々に断面積を変化させるようにします。鋳物では、定盤やVブロックは**図表5.7**のように徹底的に肉をぬすんで、肉厚を均一化し、鋳造時の溶湯が冷却するときの収縮の差をなくして変形や亀裂を防止しています。

図表5.7　肉のぬすみ

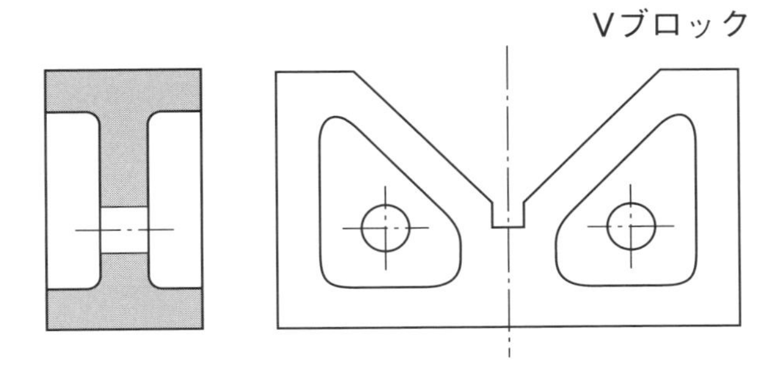

四方山話　作業者に考えさせない

部品図では、数字や線、形状、注記などは明瞭に、誤解の余地のないように書きます。数字が抜けていて作業者が設計に問い合わせたり、計算したりしていては、加工工数が増えてしまいます。計算ミスでもしたら部品はオシャカになって、材料費と加工時間が無駄になってしまいます。

手書き図面はきちんと書いてないと、作業者が加工ミスをしたとき、「寸法の数字の 3 が 8 に見える」といって設計に責任転嫁しないとも限りません。また、現場が汚れていると、油と埃のシミが小数点に見えて問い合わせがくるかもしれません。整理整頓は単なる精神論ではないのです。

寸法記入の要領

寸法は主投影図にまとめて記入しますが、加工上関連する寸法も近くにまとめるようにします。

図面に同一部分の寸法を 2 箇所入れることがあります。このようなダブル寸法になるときは、一方に（　）を付けて参考寸法とします。それは変更で寸法を修正し、かっこ寸法の修正がもれても、参考寸法は無視できるからです。

全長寸法と部分寸法の記入でも、**図表5.8**(b)のように重要でない寸法は（　）を付けて参考寸法とします。加工者は部分寸法と全長寸法を普通公差で仕上げ、

図表5.8　寸法記入法

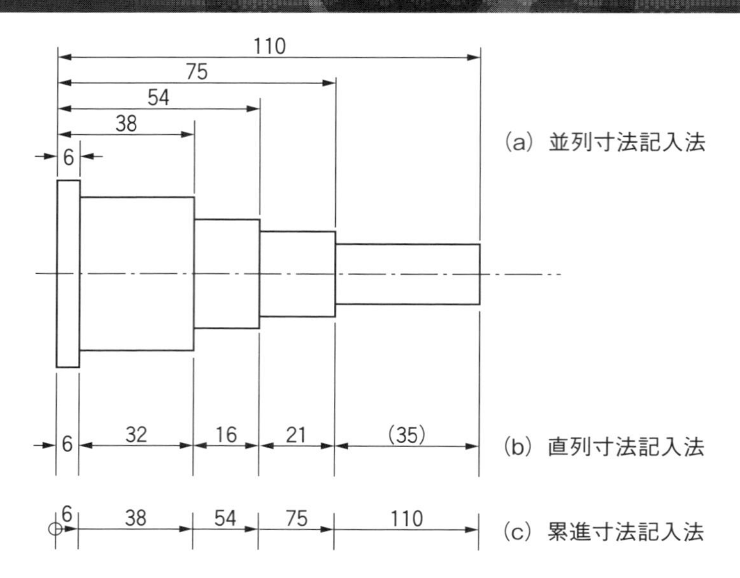

かっこ寸法はできなりの寸法でよいので、加工が楽になります。逆に、部分寸法にすべて公差を指定すると逃げがなく、そのうえに全長にも公差を入れると加工はたいへん苦しくなります。普通公差ですむもの、参考寸法でよいものにまで公差を要求してはコスト高になってしまいます。

また、図表5.8(b)のように部分寸法が並ぶ直列寸法記入法では、累積誤差が大きくなります。このように寸法を記入すると、普通公差が累積してある面からの寸法が普通公差を超えてしまうことがあります。これを避けるためには、図表5.8(a)のように基準面から個々に寸法を入れる並列寸法記入法とします。スペースと時間の節約のために、図表5.8(c)のような累進寸法記入法としてもかまいません。

基準面を作る

図表5.8ではつばの左端を基準として寸法を入れましたが、**図表5.9**(a)のようにある面からの寸法を抑えたいときには、これを基準面として指定します。図表

図表5.9　加工基準面

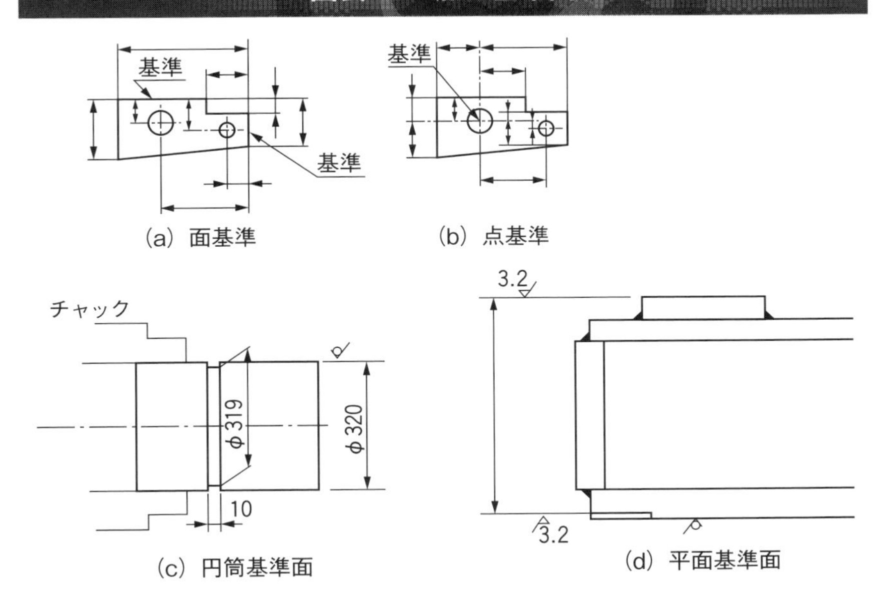

(a) 面基準　(b) 点基準
(c) 円筒基準面　(d) 平面基準面

5.9(b)は、円の中心を基準点として寸法を入れています。

鋳肌や黒皮で基準になるものがないとき、旋盤加工では図表5.9(c)のようにチャックにくわえて捨て加工し、その削り面を加工の基準とします。溶接構造でも図表5.9(d)のように一部を捨て削りして基準面を作ることがあります。

かくれ線と断面

かくれ線は見えない部分を破線であらわすのですが、わかりにくくなるので最小限にとどめ、読図の助けになる破線のみ記入します。かくれ線であらわすよりも、断面して内部を実線で示したほうがわかりやすいときは断面図とします。

一部を断面であらわす部分断面図では、どこからが内部なのかを示す破断線を忘れないようにします。

かくれ線は実体をあらわさない線ですから、これに寸法を入れるのは適当でなく、寸法記入が必要なときは**図表5.10**のようにその部分を部分断面して寸法を記

図表5.10　破断部の寸法記入

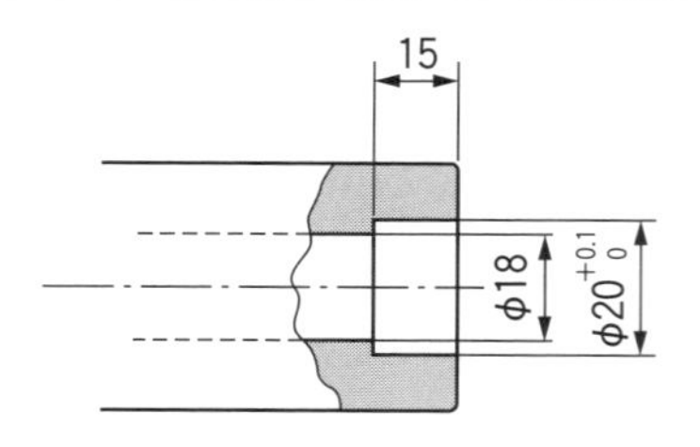

入します。また、半断面の書き方の規定があり、軸やリブは全断面するとわかりにくくなるので断面しないなどの原則に従います（41ページの図参照）。

略画法の活用

設計で手を抜くことは失敗につながることが多いので、手間を惜しんではいけません。しかし、設計コストは人件費が大部分で、設計時間の短縮は必要ですから、手を抜いても間違えようのないところは省力化をはかります。

JIS機械製図では、図形の省略として「対称図形の片側省略」や「繰り返し図形の省略」「中間部分の省略による図形の短縮」などが規定されています。例えば、ボルト穴やタップ穴が多数あるときは１個だけ実形で書き、あとは穴数と位置の

図表5.11　穴加工の略画

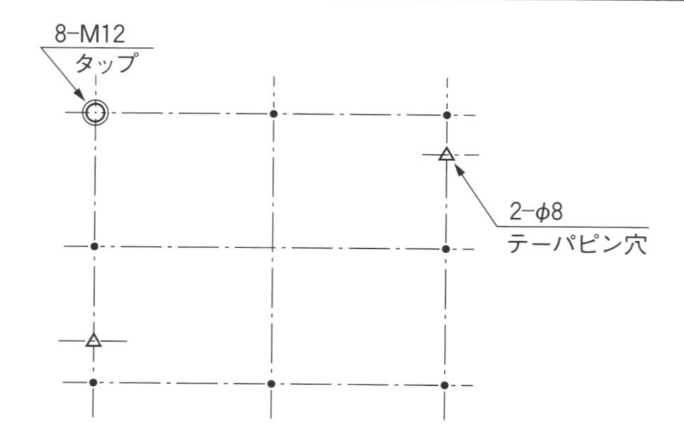

み記入します。**図表5.11**のように、タップ穴やピン穴は、黒丸や三角印などで区別します。ただし、接近してあける穴が重なって、破れないかどうか検討する必要があります。

表面粗さを決める

部品の表面粗さを決めるとき、「NC旋盤でこのくらいの粗さが出るから」とか、実績図面に合わせて決める人がいます。厳しい寸法公差に入れるには仕上げ面粗さもよくしなければならないので、「この公差（$^{+0.030}_{0}$）に入れるために、この粗さ（1.6a）に仕上げる」というのが基本です。

また、表面のキズをなくして疲労限度を上げるためや、美観のために、粗さをよくすることもあります。

参考として、各加工法によって得られる粗さの範囲を、**図表5.12**に示します。

はめあいは穴基準とする

軸と穴のはめあいには、軸基準と穴基準がありますが、一般には穴基準が多く使われます（**図表5.13**）。

穴基準とは、穴の最小許容寸法を0として、これを基準にして軸のはめあいのすきまや許容値を決める方法で、公差クラスは（H）にとります。例えば、基準穴（H7）に対してすきまばめはh7、とまりばめはjs6、しまりばめはP6などのように軸の公差を選びます。

軸基準とは、軸の最大許容寸法を0として、これを基準にして穴の公差を決める方式で、公差クラスは（h）にとります

穴基準とする理由は次のようになります。

①穴の内径よりも軸の外径のほうが加工や検査をしやすいので、穴径を0基準にとり、軸径を調整するほうがよい。

②量産品の寸法検査で、穴基準では高価な穴用限界ゲージが1個ですむが、軸基準では穴径公差ごとに軸用限界ゲージが必要になる。

図表5.12　加工法と粗さ

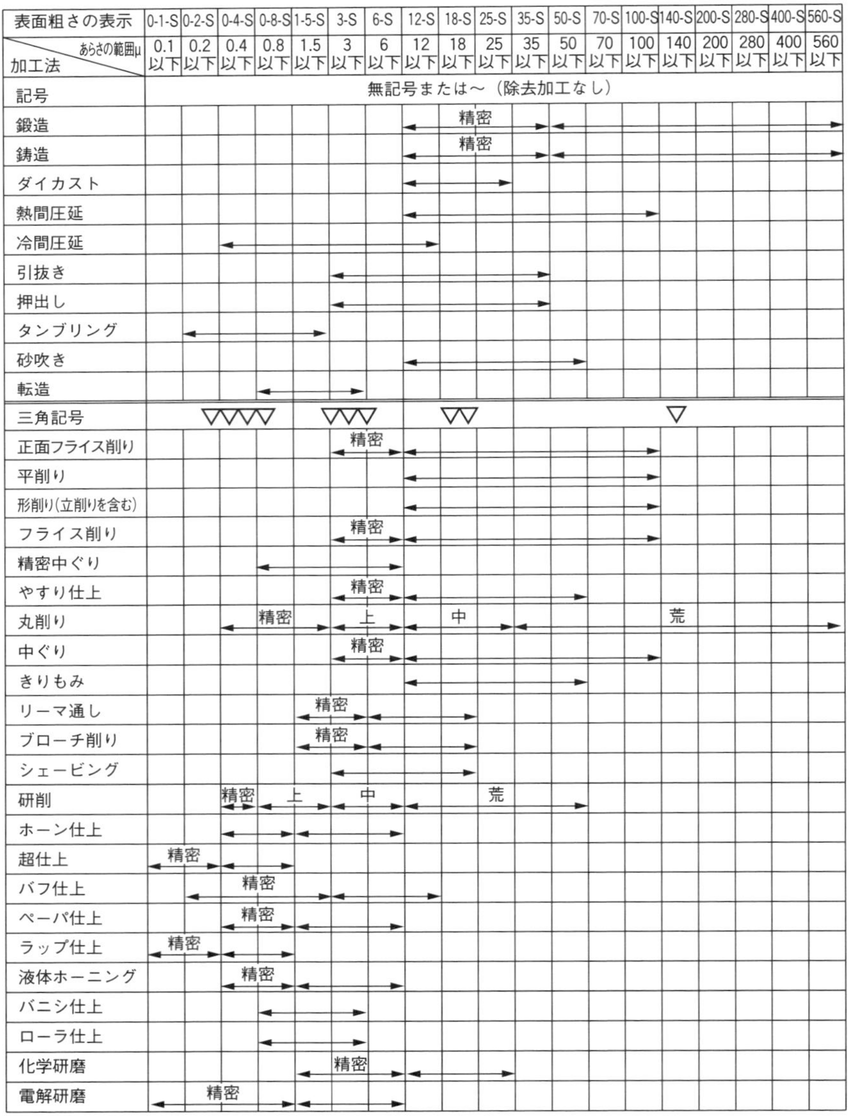

表面粗さの表示	0-1-S	0-2-S	0-4-S	0-8-S	1-5-S	3-S	6-S	12-S	18-S	25-S	35-S	50-S	70-S	100-S	140-S	200-S	280-S	400-S	560-S
加工法　　あらさの範囲μ	0.1以下	0.2以下	0.4以下	0.8以下	1.5以下	3以下	6以下	12以下	18以下	25以下	35以下	50以下	70以下	100以下	140以下	200以下	280以下	400以下	560以下
記号	無記号または～（除去加工なし）																		
鍛造									精密										
鋳造									精密										
ダイカスト																			
熱間圧延																			
冷間圧延																			
引抜き																			
押出し																			
タンブリング																			
砂吹き																			
転造																			
三角記号			▽▽▽▽			▽▽▽			▽▽						▽				
正面フライス削り						精密													
平削り																			
形削り（立削りを含む）																			
フライス削り						精密													
精密中ぐり																			
やすり仕上						精密													
丸削り				精密		上			中						荒				
中ぐり						精密													
きりもみ																			
リーマ通し					精密														
ブローチ削り					精密														
シェービング																			
研削			精密	上		中				荒									
ホーン仕上																			
超仕上	精密																		
バフ仕上			精密																
ペーパ仕上			精密																
ラップ仕上	精密																		
液体ホーニング			精密																
バニシ仕上																			
ローラ仕上																			
化学研磨						精密													
電解研磨		精密																	

図表5.13　穴基準と軸基準

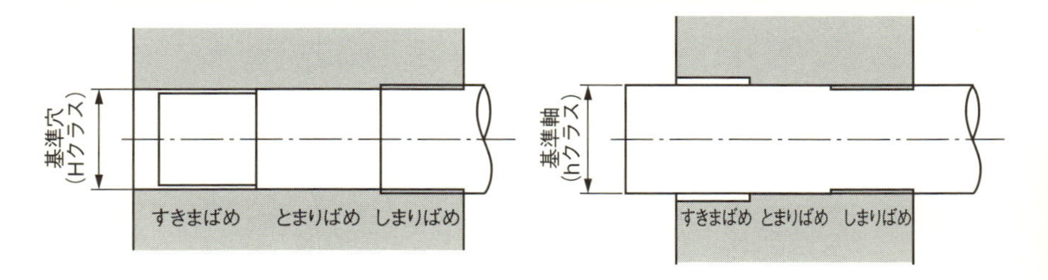

③穴仕上げのリーマが穴径ごとに必要になる。
④みがき棒鋼は（h）クラスで公差がついているので、外径加工なしで穴基準のはめあいに使用できる。

しかし、複数の部品をすきまばめやとまりばめで組み付ける軸では、軸の最大公差を０とした軸基準のほうが穴の設計がしやすいので、その軸だけを軸基準としても問題ありません。

経済嵌合とは

部品のはめあいで、すきまばめまでは要らないが、差し込み溶接の丸棒と差し込み穴のようにガタの少ない軸と穴の寸法が欲しい、という場合がよくあります。このような場合は穴と軸に0.1mmの寸法差をつけると、割としっくりしたはめあいを得ることができます。±0.1という公差はさほど気を使わずに容易に加工できることから、経済嵌合（かんごう）といえます。0.1未満の公差になると時間がかかり、加工工数が急激に増えますので、不必要に厳しい公差は指示しないようにします（**図表5.14**）。

現物合わせ

組立作業において、部品の最適位置が寸法公差では得られず、現物を調整して位置を決めることを現物合わせ（現合）といいます。その関係位置を保持するた

図表5.14　経済嵌合

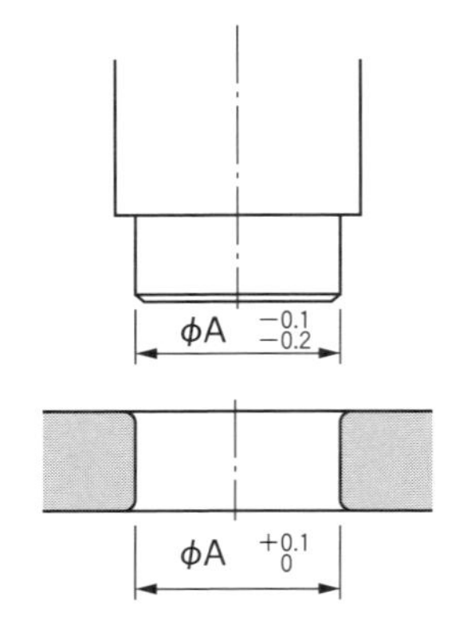

(a)　ガタの少ない嵌め合い

加工レベル	面粗度	加工費倍率
黒皮		1.0
荒加工	6.3	2.5
中加工	3.2	5.0
仕上	1.6	10

(b)　粗さと加工費

めにピンを打つので、分解組立しても最適位置を再現できるのですが、部品を変えると合わなくなります。やむを得ず、別の部品に交換するときは再度現合でピン穴をあけ直すことになります。

部品のかじり

金属は、油膜を介さず直接に圧接すると、融着してかじりを起こします。とくに同材質や硬度差のない部品どうしではかじりやすくなります。

オーステナイト系ステンレス（SUS304、SUS316）はかじりやすい材料ですから、同材質のボルト／ナットは避けるようにします。とくに脱脂洗浄すると油膜がなくなるので、締めると必ずかじって、ネジを損傷してしまいます。かじり防止剤を使えばよいのですが、その部分が禁油だと処置なしです。

配管フランジではボルト／ナットの材質はSS400／S45C、SNB 6 ／S45C、SUS630／SUS304のように材質を変えています。やむを得ず同材質とする場合は、一方を熱処理して硬度を上げるなど、対策が必要です（**図表5.15**）。

図表5.15　ネジのかじり

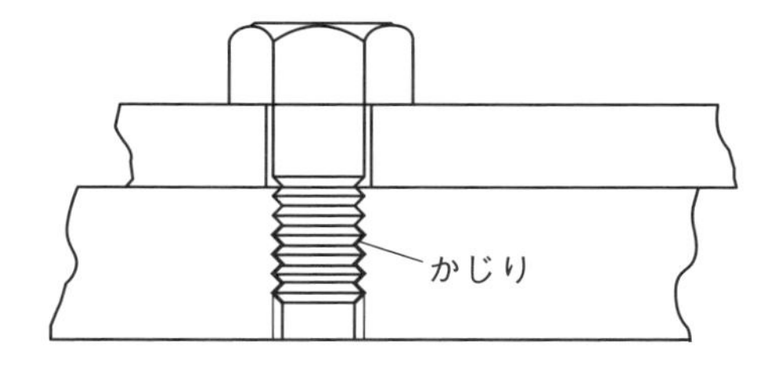

角すみ部の処理

部品の角部は面取りをしますが、R取りは手間がかかるので、とくに必要なとき以外は曲面にはしません。

すみ部が角であると、応力集中により平均応力の何倍もの応力がかかります。この倍率を応力集中係数（形状係数）といいます。

軸や板については、段付き、穴あき、Vノッチなどの場合の応力集中係数がわかっていますので、これを考慮して強度計算をします。この場合、角のRは大き

図表5.16　角すみ部の干渉

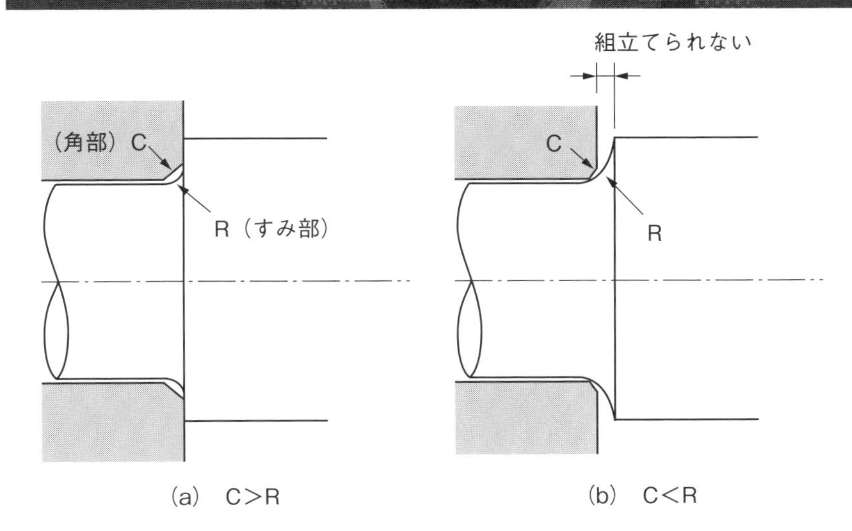

くとって集中係数を小さくします。

角のCとすみのRは、C>Rにしないと組み立てられないので注意しましょう（**図表5.16**）。

四方山話　「ヘタクソ設計」

ある企業の生産ラインの設備に紙が張ってあり、「ヘタクソ設計」という題がついていました。よく見ると、「この設備のここがこう使いづらい」「このように危険なことがあった」などと設計のクレームを書き出してあります。

これは現状の問題点を明らかにし、次回の改造・新設のさいのデータにするのです。設計者には厳しいユーザの声ですが、設計者個人を非難するのでなく、改善のための悪さ加減を目で見るようにしているのです。

設計者はこれを参考にして、よりよい設備を設計できることになります。

5-3 旋盤加工の部品図

部品の加工図を書くにあたっては、加工機の特徴や作業の仕方を知らないと、原価や精度を満足する加工法を指示することはできません。ここでは、少量生産に使用する汎用旋盤の加工に関するポイントを学びましょう。

旋盤加工の種類

旋盤作業は両センタ作業を含むセンタ仕事と、面板作業を含むチャック仕事に分けられます。センタ仕事では軸物が主ですが、多様な加工ができます。**図表5.17**は高速度鋼の完成バイトの形状から見た加工の種類を示します。

図表5.17　完成バイトの形状

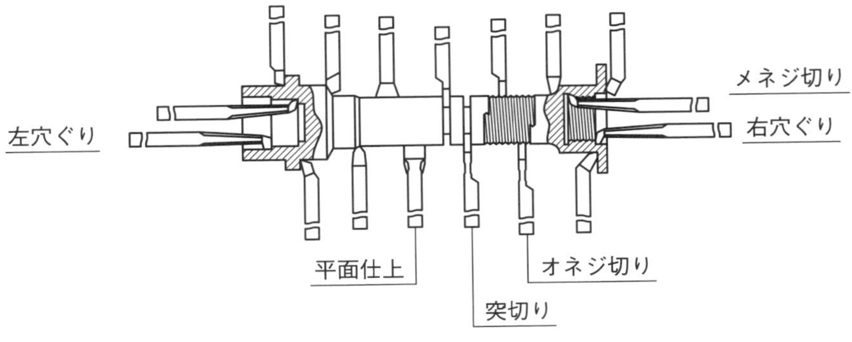

旋盤は安くて早い加工ができる

機械部品には旋盤加工に適した回転対称形の形状が多く、回転切削なので加工速度が速いという特徴があります。また、汎用旋盤は町工場でも必ず数台は持っ

図表5.18　ワーク形状と加工

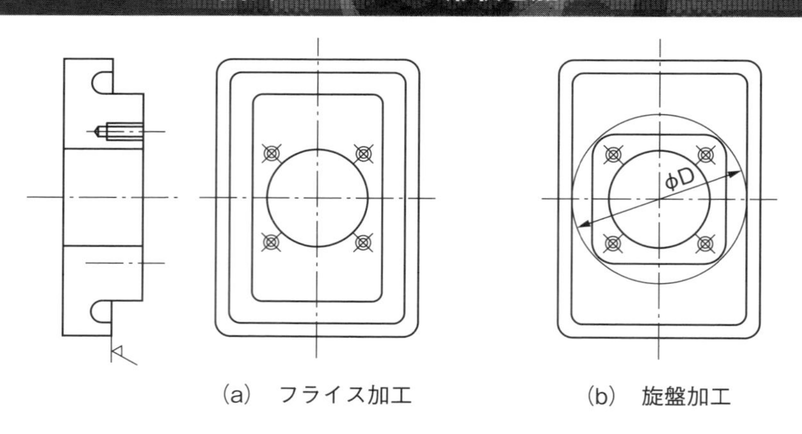

(a)　フライス加工　　　(b)　旋盤加工

ており、時間単価も安い加工機です。そこで回転体に限らず、平面加工でもフライスで往復させるよりは旋盤のほうが速く切削できるので、なるべく旋盤加工ですむ設計とするのがよいでしょう。

図表5.18(a)の部品は、外枠はフライス削りになりますが、形状を(b)のように設計すれば直径Dまでバイトを送れるので、全面が旋盤加工できることになります。

チャックする向きに書く

旋盤加工では、向かって左をチャックでくわえて旋削するので、この向きに部品図を書きます。**図表5.19**(a)のように小径部を先に加工して大径部を最後に突切ると、振れのない切削ができますが、図表5.19(b)のように小径部をあとで加工すると、振れて寸法が出ず、危険です。逆方向の図面で小径部を先に加工すると、作業者は図面を逆さに見たり寸法計算したりするため、誤作しやすくなります。

ワンチャック加工ですむように

チャックでくわえて加工後、反転（トンボ）してくわえ直すとワークの中心が

図表5.19　ワークの向き

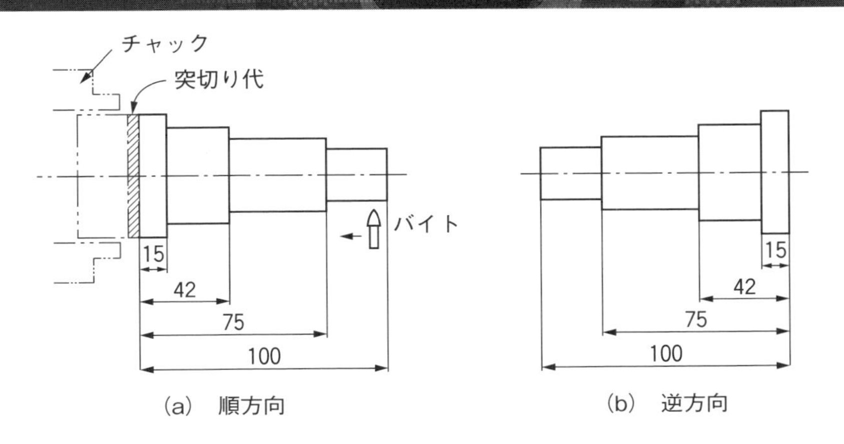

（a）　順方向　　　　　　（b）　逆方向

図表5.20　同心加工

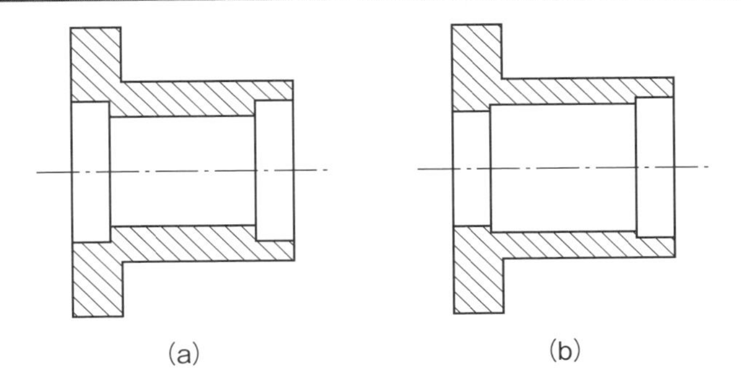

(a)　　　　　　(b)

違ってきます。したがって、くわえ直さないで加工できる設計が望ましいのです。例えば**図表5.20**(a)では、奥の加工は見えないので反転してくわえ直しますから、両側のインロウの同心度が要求される場合はダイヤルゲージで再心出しが必要になります。図表5.20(b)にすると、くわえ直さなくても同心で両側の同心加工ができます。

チャック部を設ける

ワークがテーパであったり、突起があったりすると、チャックでくわえることができません。このような異形でも面板に取り付けて加工はできますが、なるべく平行部や捨て座を設けたりして、チャックでくわえられるように設計します。

外径をくわえられない部品は、内径チャックを使用して内側から拡張してくわえることもできます（**図表5.21**）。

図表5.21　チャック部分

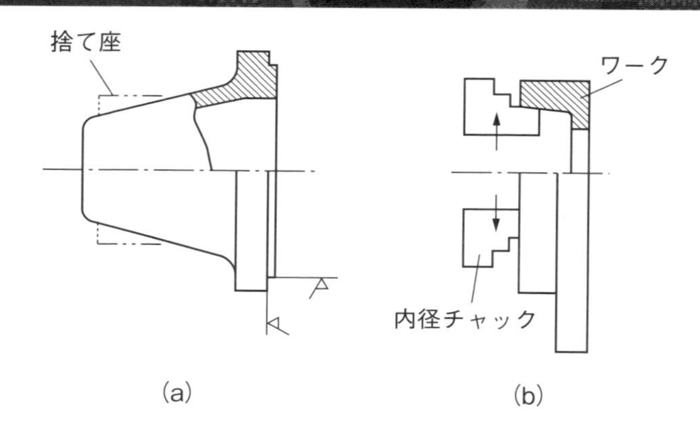

三つ爪チャックとは

三つ爪チャックはスクロールチャックともいわれ、3 個の爪がスクロール（渦

図表5.22　三つ爪チャック

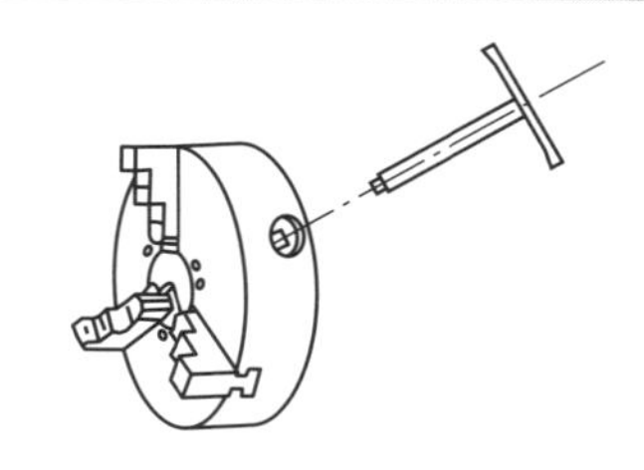

巻き）ギアにかみ合って、１か所をT字ハンドルで締めると連動して三個が同時に締まるようになっています（**図表5.22**）。したがって、回転対称形のワークに適し、単動チャックよりも早く締め付けられるので、数ものに適します。

三つ爪チャックでくわえたときの精度はスクロールの摩耗変形によりますから、心だしのためにワークをハンマーで叩くのはよくありません。しかし、摩耗して心が出ないときは最小限に軽く叩きます。

なま爪の使い方

スクロールチャックで心だしの再現精度が必要なときは、生材*（S45Cなど）で作ったなま爪を使用します。なま爪の削り方の例として、ゲージ円板をなま爪でくわえ、なま爪そのものを穴ぐりバイトで削って、チャックと旋盤の心を出します（**図表5.23**）。

図表5.23　なま爪の心出し

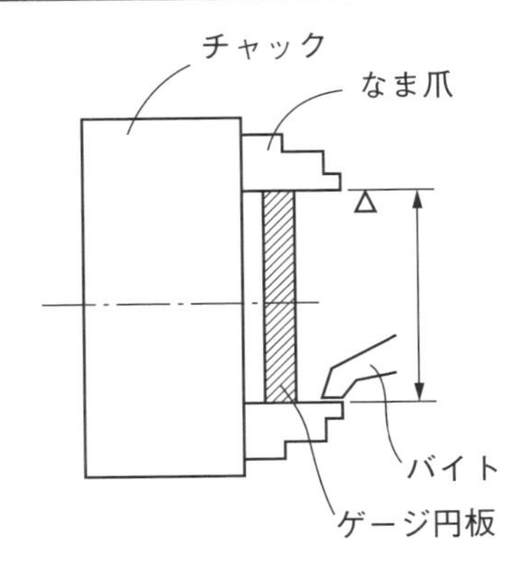

現場ではよく「なま爪を使う」と言いますが、次のような場合に使用されます。

①くわえ直したときに心がずれないので、数ものに適する。

＊　生材：焼入処理していない炭素鋼

②焼入れ爪でくわえたときのきずや変形を嫌う。
③爪にギザがなく全面に当たるので、高速・重切断でワークが飛び出さない。

四つ爪チャック

四つ爪チャックは４本の爪を各個に締める単動チャックで、黒皮部や非対称部品でもくわえられます。最初にくわえたら、トースカンの針先で上下左右のすきまを見て、すきまの大きいほうのチャックを真上に回してゆるめ、反対側のチャックを締め込んでいき、これを繰り返してすきまを一様にもっていきます。単動チャックでは、心だしのためにワークを木ハンマーや銅ハンマーで叩きます。とくに精度を出す場合は、ダイヤルゲージを使用して100分の１の精度を出します（**図表5.24**）。

図表5.24　心だし

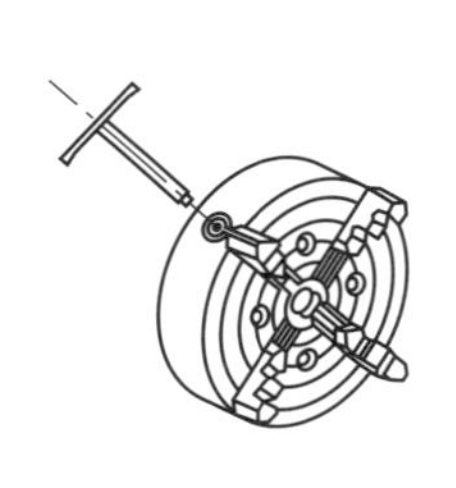

(a)　四つ爪チャック

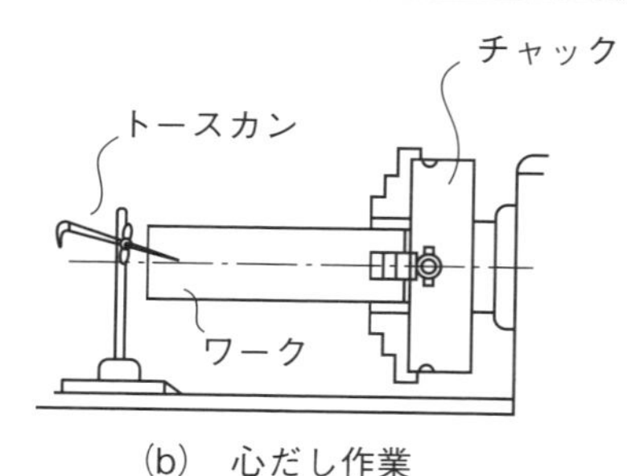

(b)　心だし作業

加工面積を減らす

４－４節の軸設計で見たように、時間のかかる粗さや公差の仕上げ部は最小限として、嵌め合いのない部分は逃げて仕上げ面を最小にします（115ページの図参照）。

図表5.25は、長方形の削り面を正方形に変えることによりバイトの移動距離を減らし、加工時間を短縮した例です。もしフランジ部を円形に変えられれば、断続切削が連続切削になるので加工機に無理がかからず、丸棒削り出しであれば材

図表5.25　切削面の形状

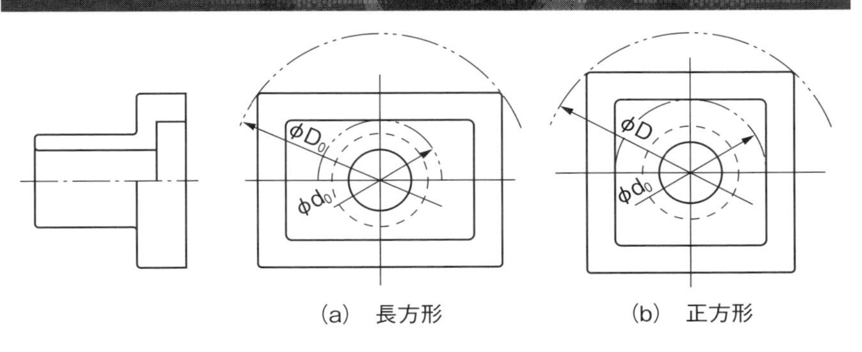

(a)　長方形　　(b)　正方形

料取りも楽になります。

面板による旋削

チャックにくわえられない不規則形状の部品は、面板に取り付けて加工します。面板は**図表5.26**のように取り付け穴のあいた円板で、旋盤の主軸に取り付けられます。ワークは押さえ金で取り付ける場合と、イケール（アングルプレート）を介して取り付ける場合があります。

取り付け状態でアンバランス重量があれば、バランスウエイトを取り付けてバランスをとります。イケールやウエイトを取り付けるには時間がかかり、このような突起物が回転するとプロペラのように見えなくなって危険です。

設計時点で対称形にできないか、部品自体の突起は取り付け式にできないかな

図表5.26　面板の取付け

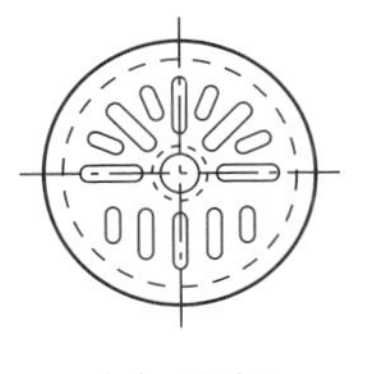

(a) 面板

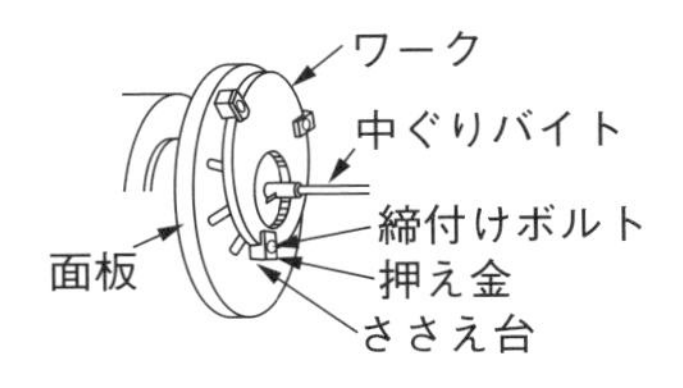

(b) 押え金による取付

ども検討してみましょう。

穴加工より軸加工

図表5.27のように軸がハウジング内でシールされるような場合に、Oリング溝は軸溝としたほうが容易に加工できます。

図表5.27　溝加工

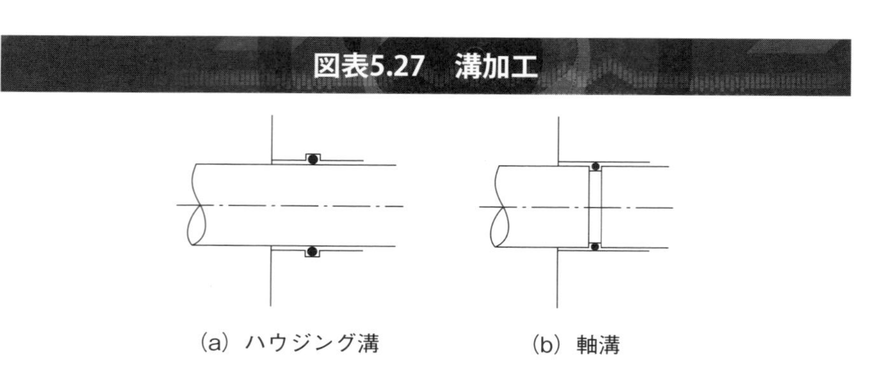

（a）ハウジング溝　　（b）軸溝

穴の中は見えないので、加工や検査で現場が苦労します。軸の強度を確認して軸側に溝を設けるようにして、なるべく奥の加工は外に出すように設計します。

センタ穴の処理

回転体の加工で同心度が重要になる場合や、ワークが長い場合は、チャックの反対側を心押し台のセンターで押して振れをなくします。さらに精度を上げるには、チャックを外して回し金を取り付けてケレ（carrier）でワークを回して、主軸にもセンタを付ける両センターで加工します。

センタで押すセンタ穴は、軸端面にセンタドリルでもみつけます。センタ穴はA、B、C、Rの４形式が、テーパー角60°、75°、90°の３種類についてそれぞれJIS規格で規定されています。

センタ穴は加工後に必要なものと残してはまずいもの、あるいはどちらでもよいものがあります。例えば、補修で研磨盤にかけるなら必要ですが、機能上空間を残せないものは切除の指示をします。切除するとセンタ穴の取りしろ分の材料

図表5.28　センタ穴の指示

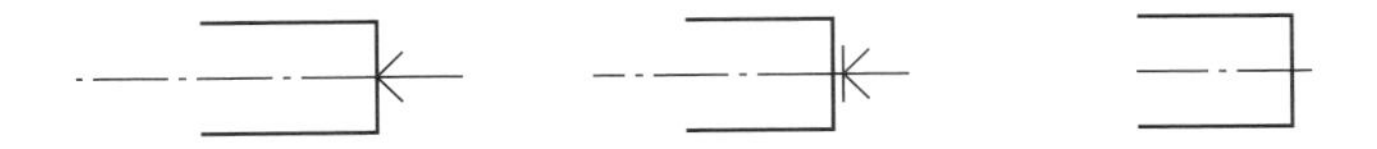

(a) 残す場合　(b) 切除する場合　(c) いずれでもよい場合

と、切断加工時間がムダになりますから、どちらでもよい場合は残します。JIS規格では、製図記号で**図表5.28**のように残す／残さないを指示することとなっています。

みがき棒鋼をどう使う

軸物の加工では、外周の黒皮を切削するために時間がかかります。しかし、みがき棒鋼を使用すれば外径切削は不要になるので、長い部品や数量のまとまった部品には有利になります。

そのうえ、磨き棒鋼は引き抜きや研磨で製造されて、外形公差がh7からh10に仕上げられているので、そのままで嵌め合いができます。みがき棒鋼は黒皮材（熱間圧延棒鋼）よりも3～4割単価が高いのですが、加工工数の低減でトータルでは安くならないか検討します。

四方山話　汎用旋盤とNC旋盤

汎用旋盤は手動操作で部品を削りだす旋盤で、加工対象が変わっても即対応できます。精度は作業者の技量に依存しますが、ミクロンオーダーの精度をカンとコツで削りだす技量は、短期間では習得できません。多品種少量生産や開発部品はNCプログラムを作りませんから、なくすことはできない加工機です。

NC旋盤はNumerical Controlの略で、数値制御により自動的にツールを操作して削りだしますから、同一部品の繰り返しに適しています。プログラミングに習熟が必要ですが、いったんプログラムを作成すれば自動加工できるので、量産向きです。数値で制御するので、ミクロン単位の加工や曲面加工も自由にできます。

「若い人はNC、年配者は汎用」となりがちで、両方できる人は少ないようです。

5-4 フライス盤加工の部品図

フライス盤（Milling Machine）は、回転する刃物で平面や穴などの多様な加工をする加工機です。どのような加工ができ、部品図作成にあたってどのような注意が必要なのか、学びましょう。

フライスでできる加工

フライス盤は主軸の方向により、縦型と横型があり、テーブルの形式によりニ

図表5.29　フライス加工の種類

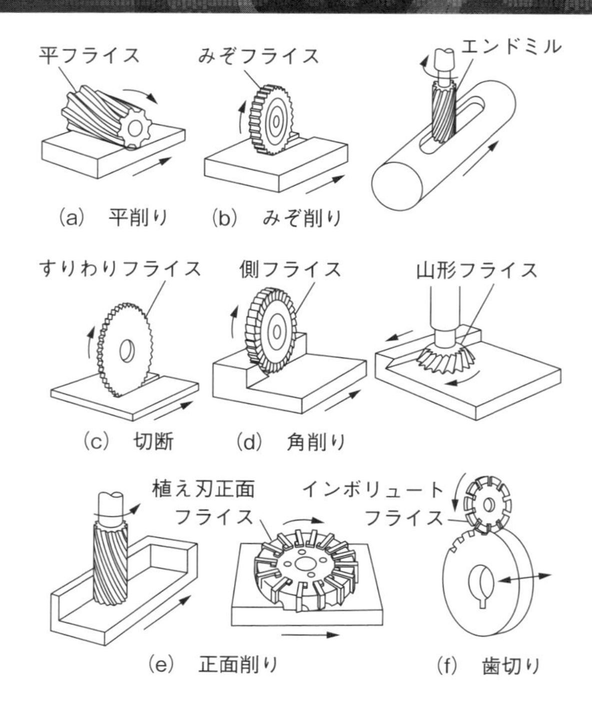

一型とベッド型に分けられます。フライス（Milling Tool）には**図表5.29**のように多種の形状があり、これに適したフライス盤に取り付けて切削します。

ワークは取り付けやすく

フライス削りでは、テーブルにTボルト、押さえ板でワークを取り付けますが、切削反力で飛ばされないようにしっかりと締め付けられる形状に設計します。底面に段差や傾斜があると、かませ物を敷く手間がかかりますので、捨て座を設けるなどの考慮もします。締め付けによって変形したり、加工でびびったりしないだけの剛性も必要です。

図表5.30(a)のようなレバーは、図表5.30(b)のように底面をそろえれば、取り付けやすくなります。溶接タイプとして図表5.30(c)のように設計すればフライスのワンパスで加工ができます。

図表5.30　レバーの設計

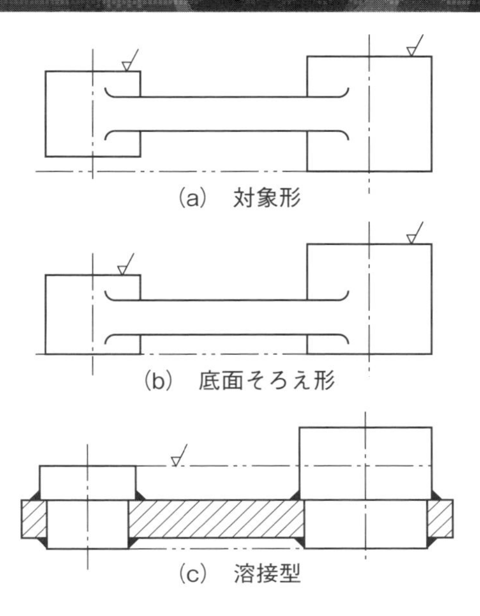

部品図の書き方／**フライス盤加工の部品図**

締め付けやすい形状

ワークの締め付けは、横締めだと外れやすいので、上締めとして切削します。**図表5.31**は上締めですが、押さえ板がフライスカッタの邪魔にならないように、段差をつけて逃げればうまい設計といえます。

図表5.31　ワーク締付け

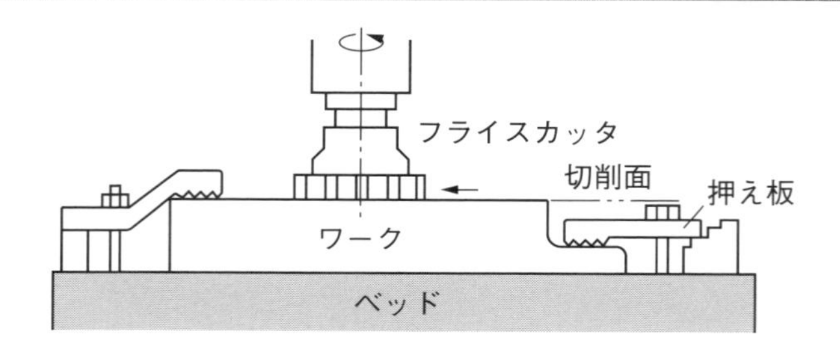

キー溝の加工

軸のキー溝は、**図表5.32**のようにサイドカッタとエンドミルで加工できます。図表5.32(a)ではサイドカッタの切り上げ部のR部が残り、この部分にはキーは収まりません。図表5.32(b)のエンドミルでは端部は半円になり、両丸キーまた

図表5.32　キー溝の加工

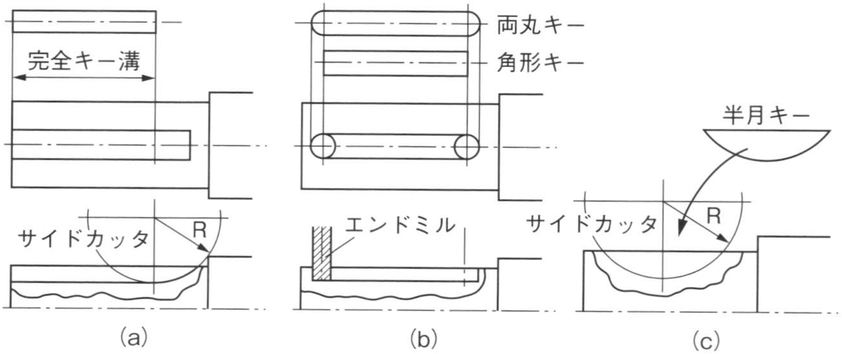

図表5.33　軸のキー溝

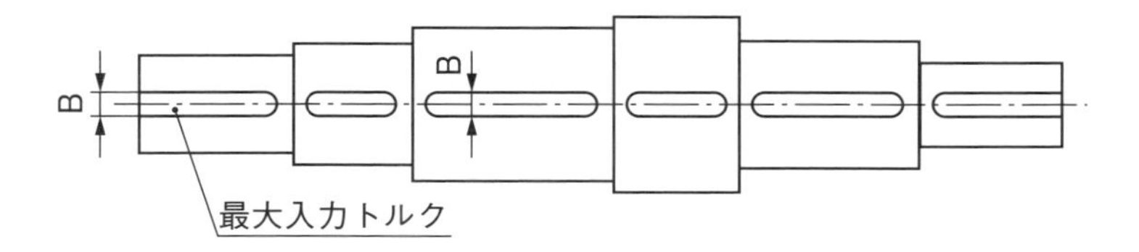

は片丸キーをはめ込みますが、安価な角形キーも使用できます。

なお半月キー（Woodruff Key）は、サイドカッタで切り込んだ円形溝にそのままはめ込むことができます。

なお、キー溝寸法は適応する軸径により規定されていますが、次のように同一軸上に多数のキー溝がある場合、同じ寸法にできればカッターの取替えが不要になり、工数低減できます。**図表5.33**の入力部のキーが最大トルクを受け、各キーに配分されるような場合は、同一キー寸法でせん断に耐えるか計算すればよいわけです。

額縁削りはできるか

一般に、貫通しない角溝は加工が難しい額縁削りといわれます。**図表5.34**のような底の抜けていない溝はエンドミルで削れますが、角部はカッタのRが残り、角溝にはできません。放電加工ではできますが、大変そうです。角穴で貫通して

図表5.34　額縁削り

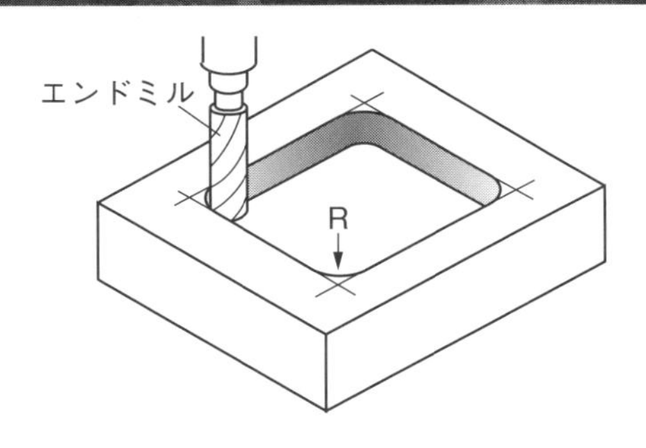

いればワイヤカット、レーザ、コンターマシンなどで加工できますが、角溝の額縁削りは避けるのが賢明です。

すり割り加工

ネジ部品の頭部にドライバ溝を入れたり、一体加工した部品を分割するとき、すり割りフライスを使います。次のように穴あけ後にすり割ると、カッタの厚さだけ直径が小さくなるので真円になりません。このような場合、先にすり割ってから一体に締め付けて穴加工することもあります（**図表5.35**）。

図表5.35　すり割り

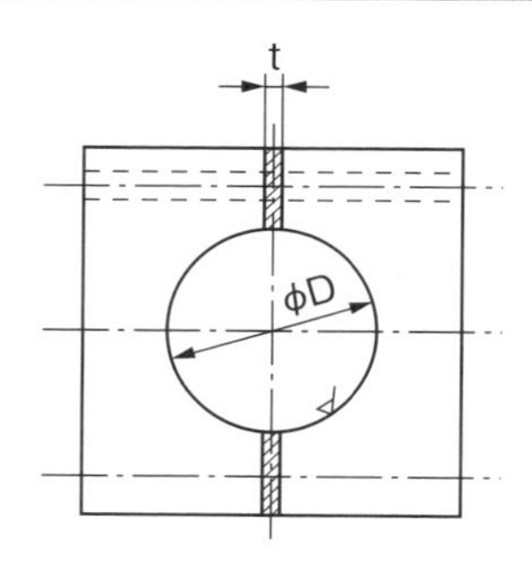

切断用としてはメタルソウという薄いフライスカッタがあり、材料の切断や深い溝入れに使用されます。

寸法は測れるように

加工や検査では、指示された寸法を確認するために、測定できなければなりません。しかし、測りようがない寸法をうっかり入れてしまうことがあります。

図表5.36の寸法dは、空間を基準としていますので測れません。量産品であれば測定治具を準備して測りますが、少量品では測定しろをつけて測れるようにします。もし、機能上測定しろが残せない場合は、検査後除去と注記しておきます。

図表5.37はJIS規格に定められたキー溝の寸法記入法ですが、t_1、t_2とも空間を

図表5.36　測定できない寸法

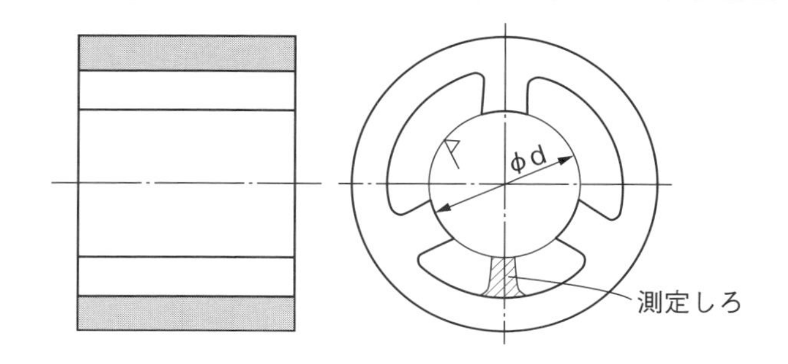

図表5.37　キー溝寸法

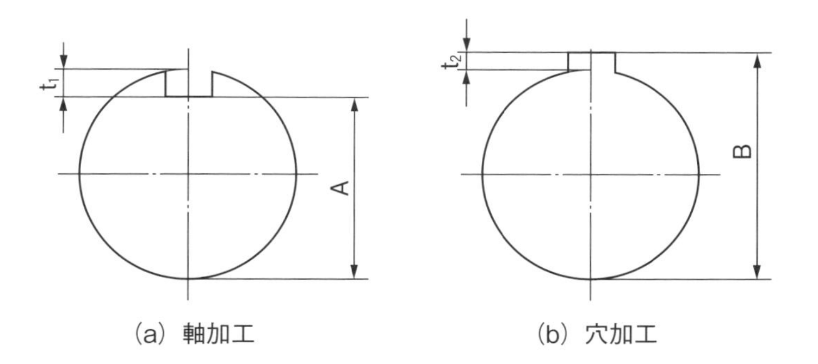

基準としているため実測できません。しかし、カッタの追い込みしろt_1、t_2を指示するほうが作業しやすいので、例外的に認めています。検査はA、B寸法が測れますから、問題はないわけです。

四方山話　キーの新JIS規格

軸のキー溝寸法もISO規格に整合するため、JIS規格が1989年に改訂されました。ところが、既設の機械はすべて旧JIS規格を使用していましたから、急には切り替えができません。モータ業界は即時対応して新JIS規格のキーを採用しましたが、一般には現在でも完全に切り替えできず、混在しているようです。

5-5
ボール盤加工の部品図

ボール盤とは、縦型の主軸の先にドリルなどを取り付け、回転させて部品の穴加工をする加工機です。穴加工についてはどのような注意が必要なのか学びましょう。

ボール盤加工の種類

ボール盤は直立ボール盤、ラジアルボール盤、多軸ボール盤などがあります。穴加工には**図表5.38**のような種類があります。キリ穴以外は、下穴を先にあけておきます。

図表5.38　ボール盤の穴加工

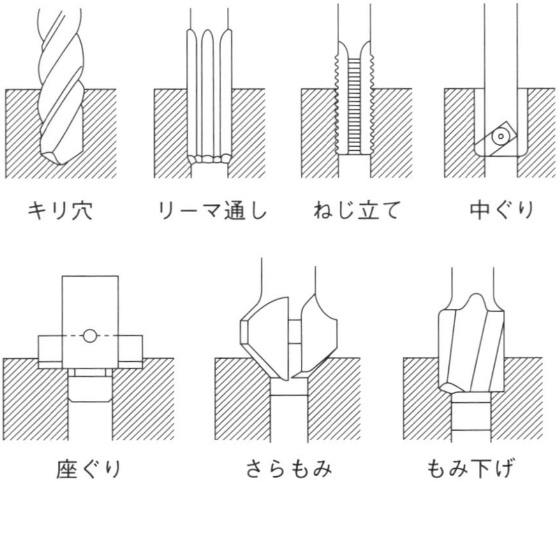

キリ穴　リーマ通し　ねじ立て　中ぐり

座ぐり　さらもみ　もみ下げ

穴あけに斜面は禁物

ドリルは片持ち梁ですから、力がかかると曲がります。つまり、抵抗の少ない方へとドリルが逃げて、穴が曲がったりドリルが折れたりします。ワークの中でドリルが折れてもおしゃかにできない場合は、取り出すのは大変な作業になります。

図表5.39のように斜め穴や斜面では、ドリルが曲がってあけられません。作業者はドリルの食い付きをよくしてあけるか、ドリルブッシュでガイドしてあける方法もあります。しかし、熟練に依存したり、直角度の保証できない加工をさせるのはうまい設計とはいえません。このような場合は、ザグリで直角面を確保するか、捨て座を設けて作業しやすくします。捨て座が邪魔であれば、穴あけ後切除と指示します。

図表5.39　斜面の穴あけ

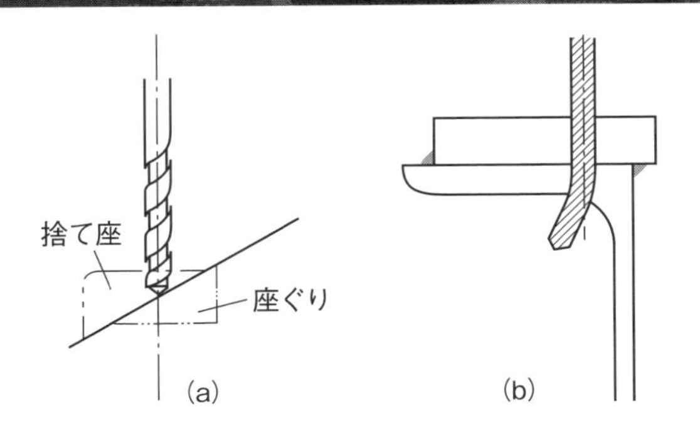

入口だけでなく、出口も直角でないとドリルは曲がります。貫通側に溝形鋼などのR部があっても気がつきませんが、裏面まで注意が必要になります。下穴が曲がっているとタップ穴やリーマまで曲がってしまい、ネジプラグであれば液が漏れてしまいます。必要に応じて、下穴貫通不可などという注記を付すことがあります。

ドリルが届く穴加工

機械のフレームや柱の脇、内部の奥深くに穴加工する設計をすることがありますが、ボール盤のチャック部が入ることをチェックしなければなりません。せめて電動ドリルを持ち込めないと穴加工はできませんし、ハンドタップでネジを切るにもハンドルを回すスペースがなければなりません。ですから、壁や柱に接近した穴はできるだけ離して、外へ引き出して設計しましょう（**図表5.40**）。

図表5.40　壁に近い穴

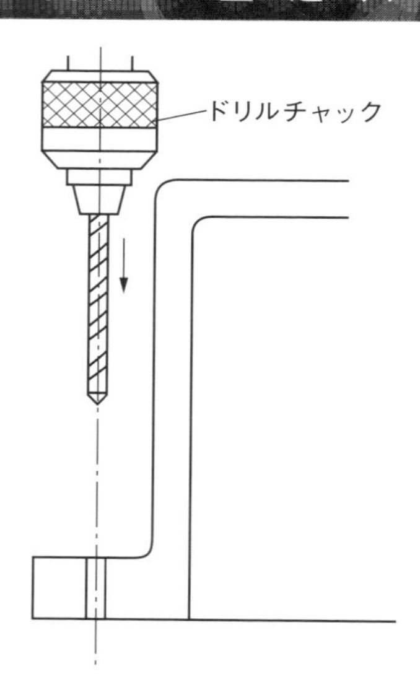

深穴・細穴は避けて

深穴加工では、切り粉の排出、給油や冷却のために、ステップフィードをしてドリルを抜き出しては送り込むので、時間がかかります。

また、深穴を開けるロングドリルは折れやすいので、深穴は避けたいものです。穴が深いときは**図表5.41**のように段つき穴にしたり、中間をぬすんで抵抗を減らします。直径4mm以下のドリルは折れやすいのでなるべく使用せず、やむをえ

図表5.41　深穴の設計

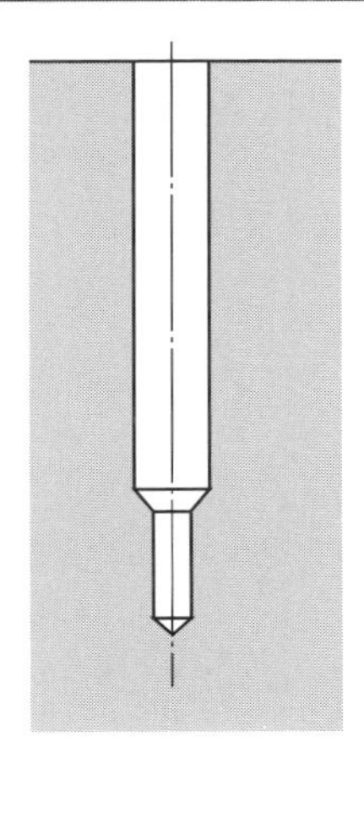

(a) 段付き穴

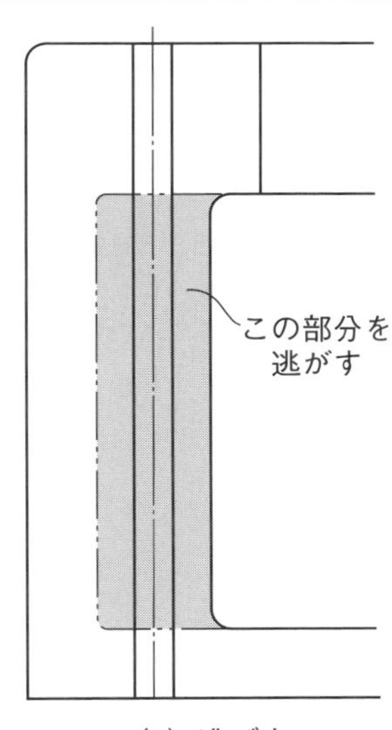

(b) 逃げ穴

ない場合は短い穴にすることを考えてください。

穴径の標準化

きり穴やタップネジのサイズは、そのつど選ぶのではなく、統一すると標準化できます。例えば、機械にもよりますが、M5以下のネジは使用せず、小径ネジはM6、中間ネジはM10、大径ネジはM16などと決めればタップやバイトの種類が減り、工具交換の手間も減り、在庫ボルトの種類も減ることになります。

ネジの漏れ

キリ穴やタップ穴は深さを指定する止まり穴より、通し穴のほうが加工が容易です。しかし、貫通穴ではネジのらせん溝にシール性がないため、流体が漏れてきます（**図表5.42**）。シール座金やOリング、液体ガスケットを併用しないと漏

図表5.42　ネジの漏れ

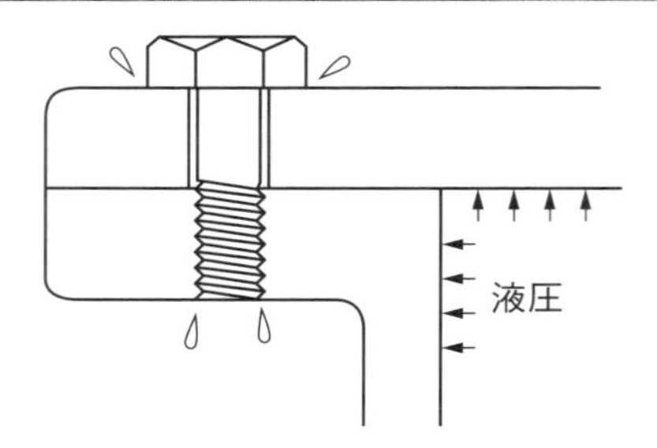

れは止められません。そこで、容器など流体を保持するものは下穴深さを指定したり、貫通不可と注記します。

四方山話

軍手をはめますか？

現場作業では手を保護するために軍手をはめるのですが、ボール盤作業では安全上禁止されています。それは、軍手がドリルに巻き込まれて事故になるのを防止するためです。

あるとき、米国のフィールドエンジニアと組んで機械を修理したことがあります。彼は現場では軍手をはめず、素手で作業していました。「なぜ軍手をはめないのか」と尋ねると、微妙な調整ができなくなるからと答えました。彼は大柄な体格でしたが、細かい作業も手際よくこなしていました。日本人は手先が器用といわれていますが、外人は不器用という先入観をもってはいけませんね。

5-6 平削り盤加工の部品図

平削り盤は、水平に往復するテーブルにワークを取り付け、刃物台に取り付けたバイトで比較的大きな部品の平面を切削する加工機です。部品図作成の注意点には、どんなものがあるでしょうか。

平削りの種類

平削り盤はプレーナともいい、形式としては門形と片持ち形があります。刃物台はクラッパピンを中心に揺動する構造になっており、往路で切削したら復路では45°クラッパが持ち上がり、バイトを逃がす構造になっています。

削り面の形状は平面だけでなく、バイトの形状と刃物台の傾斜により、**図表5.43**のような形状に削ることができます。

図表5.43　平削りの形状

みぞ　　Tみぞ

ダブテール　　面と山形

加工面積は最小限に

大きな部品でも全体に平面が必要な場合は少なく、必要な部分のみ板を溶接して座板とし、平削りするようにします。

削る面を整列させる

平削り盤は、往復運動のうち往路のみ切削し、復路は早戻りするのですが、加工時間がかかります。**図表5.44**ではA区間を往復する時間がかかりますが、**図表5.45**では2×B区間の往復ですみます。このように、削り座を散在させずに一定幅に整列させることにより、バイトの往復時間が短縮されます。

また削り面の高さは、**図表5.46**(a)のように高さの差があると、刃物台の高さやストロークの再設定が必要です。図表5.46(b)のように高さを同一平面状にそろえると、1回の段取りですむことになります。取り付け部品の高さが違う場合

図表5.44　削り面

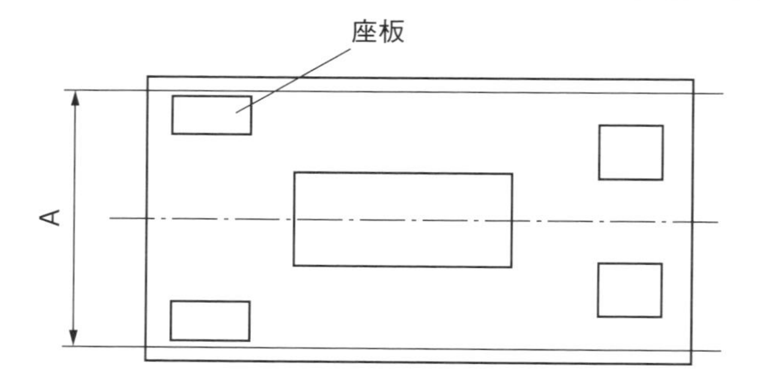

図表5.45　削り面の整列

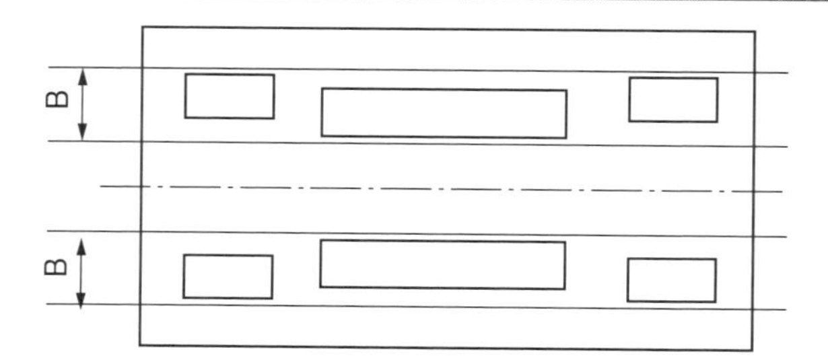

図表5.46　削り面の高さ

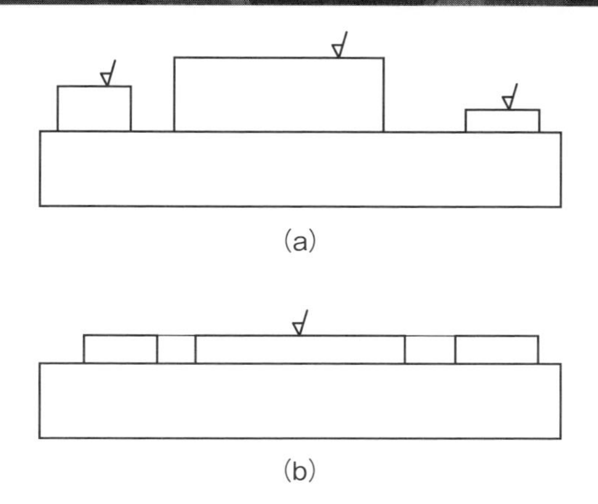

には、できればスペーサをかませてでも、同一高さに設計できないか考えましょう。

バイトの逃げ

往復運動の前進端・後退端では、バイトが切削抵抗を受けたまま停止できないので、バイトが逃げる空間が必要です。図表5.46のような開放形の部品はいいのですが、**図表5.47**のように壁がある場合は、逃げの空間を確保しなければなりません。後退端ではバイトの厚さ以上の逃げが必要ですが、懐が深い部品では刃物台の大きさも考えなければ干渉します。

図表5.47　バイトの逃げ

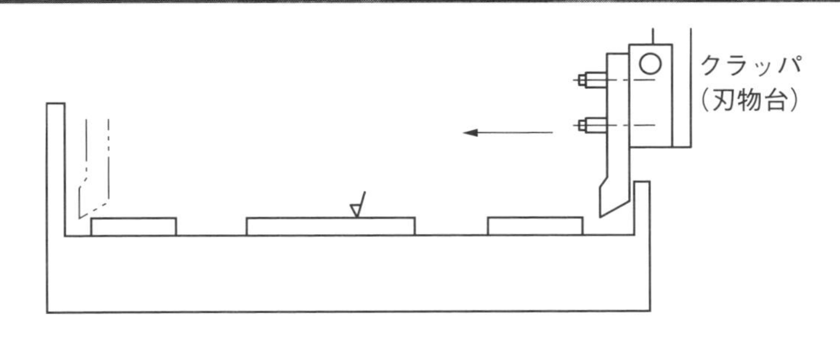

5–7 溶接加工の部品図

溶接については3－2節で学びましたが、ここでは溶接部品図の注意事項について学びましょう。

溶接法の種類

金属の溶接には、次のように各種の溶接法があります。一般的に溶接法はMAG、MIG、TIGがよく使用されます（**図表5.48**）。

素材寸法の明細

溶接部品は複数の部材を溶接しますが、材料取りのために素材寸法をすべて記載します。鋼板や形鋼、平鋼などのサイズと長さ、重量、数量などをリスト形式で部品図内に書きます。これがないと、作業者は素材寸法を計算しなければならないので、時間の無駄になり、計算違いをすると材料のムダにもなります。

素材重量を合計すれば、概略部品重量が求まります。

削り面の指示

溶接部品はすべての部材を溶接した形状に書きますが、部材寸法もすべて溶接部品図に書き込みます。溶接部品図としては、表題欄の仕上げ記号は除去加工なし（√）とし、削り加工をする面のみ仕上げ記号を記入します。

ひずみ取り焼鈍

溶接では局部的な高温にさらされるため、冷却後は残留応力により徐々に変形

図表5.48　溶接法の分類

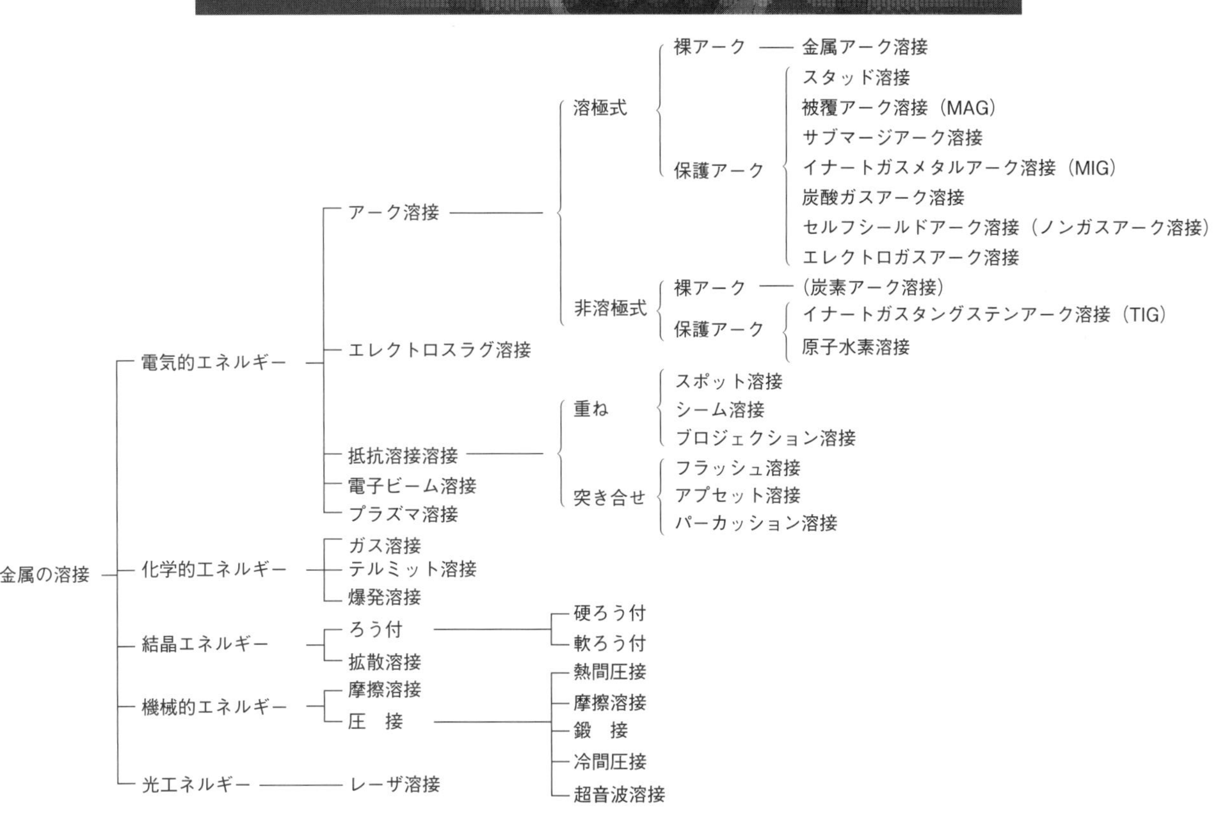

が進みます。ギアボックスなどのように直角度や平行度の狂いを嫌う部品では、溶接後、ひずみ取り焼鈍をしてから機械加工をします。ひずみ取り焼鈍を指定すると、炉中で500℃ていどに加熱して再結晶させ、徐冷して内部応力を除去します。

断続溶接でひずみを抑える

長い溶接部を連続溶接するとひずみが大きくなるので、薄物では変形を抑える治具を使用します。厚物では残留応力が出ないように溶接順序を工夫しています。

強度や漏れの問題がなければ、連続溶接ではなく断続溶接として、ひずみを軽減したいものです。断続溶接とすれば溶接工数の低減、溶着金属や溶接資材の節約もできます。

削り面の座板などは、全周溶接をすると合わせ面が密閉空間となり、溶接入熱で空気が加熱されて膨張し、薄い座板であれば変形します。そこで座板は断続溶接でよいのですが、屋外設置であれば雨水が浸入して錆びることも考慮しなくてはなりません。

また、**図表5.49**のように全周溶接で密閉空間ができる部品は、空気抜きを考慮します。

図表5.49　密閉部の穴

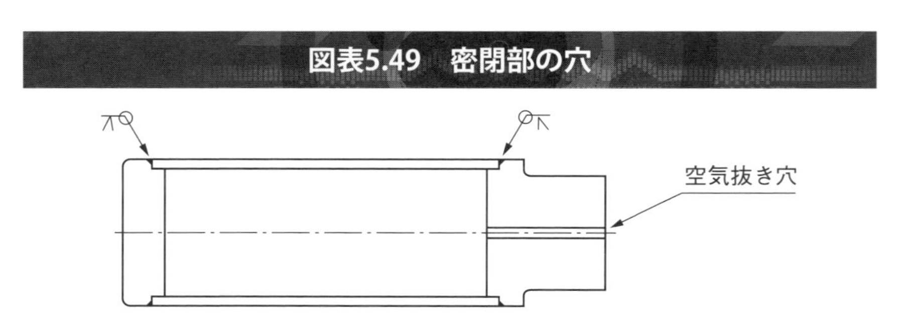

溶接前後の熱処理

低炭素鋼（SS材やS25C）は溶接のまま使用できますが、合金鋼では割れやひずみを防止するために予熱・後熱をします。予熱はガスや誘導コイルで溶接部周辺を加熱し、溶接割れを防ぎます。後熱温度は鋼種により、JIS規格やASME規格で定められています。

S45Cなどの高炭素鋼は溶接で割れやすいので、溶接は注意が必要です。

また、鋳鉄は溶接できませんが、鋳鋼（SC）やステンレス鋳鋼（SCS）は溶接ができます。

曲げ加工の併用

溶接部品は部材を溶接するのですが、部材としてはプレス曲げ加工のものでもよいわけです。曲げ加工と溶接で原価はどちらが安いかは、部品形状や数量にもよりますが、溶接の二番を避けるためや溶接作業を減らすためには検討してもよいでしょう。曲げによる加工硬化で剛性を向上させ、振動を抑制している例もあります。

鋳造は、木型などで砂に空洞部を作り、この中に溶融金属を流し込んで部品の形状に鋳込む製作法です。ここでは砂型による鋳造部品の部品図の注意点について学びましょう。

鋳造法の種類と特徴

鋳造は凝固が早く、複雑な形状の素形材を得られる長所があります。鋳造法には、**図表5.50**のように多くの種類があります。

鋳鉄についていえば、安価で、被削性・耐磨耗性がよく、振動減衰能を持っていますが、内部欠陥が出やすい、引張強さと靭性に欠けるといった難点があります。

図表5.50　鋳造法の種類

区　分	鋳造法	摘　　要	生産量
砂型鋳造	生型鋳造法	水分のある鋳物砂で造形して注湯。	少量
	乾燥鋳造法	粘結剤入り鋳物砂で造形、炉で乾燥。	
	CO_2プロセス法	硅酸ソーダ入り鋳物砂で造形、CO_2で硬化。	
金型鋳造	チル鋳造法	鋳型の一部を金型として急冷、硬化する。	極めて多量
	ダイカスト法	金型に圧力をかけて連続的に注湯。	
その他	ロストワックス法	メス型にロウを注入してロウ型を作りコーテングして加熱しロウを溶出させる。	多量
	シェルモールド法	硅砂を金型で焼成しシェル鋳型を作る。	
	遠心鋳造法	鋳型を高速で回転して注湯する。	

鋳物の変形収縮

金属の溶湯が凝固するとき、体積が収縮しますが、肉厚の変化が大きい部分では冷却の速さに差があるので、薄い部分はあとから冷却する厚い部分に引張られて変形や亀裂を生じます。したがって、なるべく肉厚は均一にし、角や段は避けて勾配や丸みをつけるようにします（**図表5.51**）。

図表5.51　肉厚変化部の対策

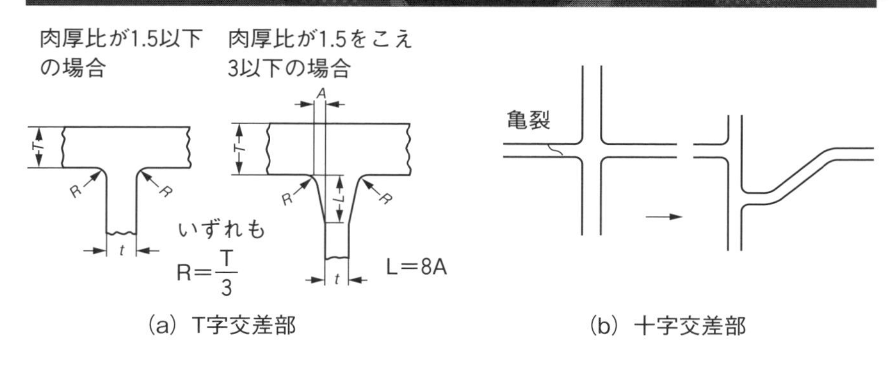

（a）T字交差部　（b）十字交差部

ガス抜きの考慮

中空部品では、中子という砂型を挿入して空洞を形成します。高温の溶湯で中子は加熱され、水分などがガスとして蒸発します。このガスの抜け口がないとブローホールという欠陥になります（**図表5.52**）。そのため、上部にガス抜き穴を設け、ガスがスムースに抜けるようにします。

鋳物が冷却されてから中子の鋳砂と心金を取り出すための開口部が必要です。内面の砂が焼きついて残ると機械に不都合となるので、砂落とし棒が届くような開口部の大きさが必要です。

鋳造品の寸法許容差

砂型は、上型と下型に分割して木型を抜きますので、抜き勾配がつけられてお

図表5.52　ブローホール

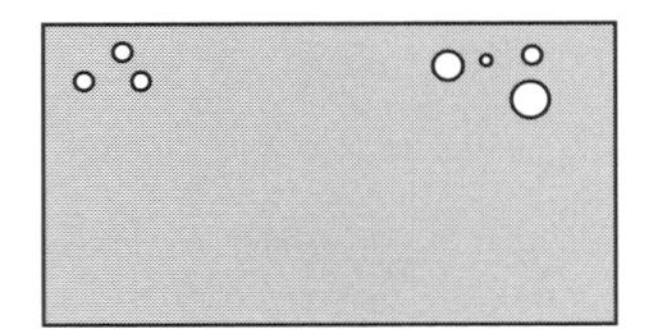

り、肉厚は図面とわずかに異なっています。また、合わせ部にズレがあると偏肉となり、合わせ部のすきまからのはみ出しが鋳バリとなります。また、木型の狂いや中子のズレ、不均等収縮などで図面よりラフな鋳物素材ができます。JIS規格では鋳造品の長さ・厚さの普通許容差（並級・精級）を規定していますが、このていどのばらつきがあることを認識しておきましょう。

溶湯は流れやすく

砂型の空洞部に溶湯が勢いを持って流れて充満しないと、湯まわり不良などの原因になります。砂型に角や突起があると湯の流れが乱れたり、砂が崩れ落ちた

図表5.53　湯流れの改善

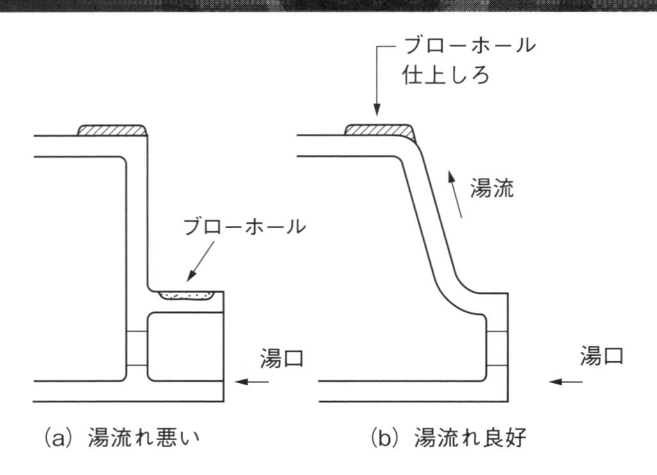

り、不純物を巻き込んだりして不良になります。段や角部をなくして丸みを付け、不純物や砂が浮きやすく、ガスが上方へ抜けやすくしなければなりません。

図表5.53は、溶湯とガスが上へ抜けやすくして、ブローホールを対策した例です。

四方山話　考えられない事故

10年以上前でしょうか、「今に考えられない事故が多発するようになるだろう」と言われたことがありました。果たして、ウラン臨界事故、乳業食中毒事件、銀行統合システム障害、鉄道脱線事故、工場火災など、それまでにない原因の大規模な事故が続発しました。

その基本的な原因の一つにコミュニケーションの問題があるのではないでしょうか。

一時期、「くれない族」といわれた世代がありました。言ってくれない・教えてくれない、だからできない、という「待ち」の世代でした。自分から動く・情報を取りにいくということをしないと技術の断絶となり、技能の伝承が途絶えます。何でも職場で率直に話し合い上司に積極的に相談するという意見交換をして、状況を確認し、理解すれば、大事故のリスクは低減していくのではないかと思います。

5-9 部品の表面硬化処理

歯車や軸などで、本体は強靭で粘いが、表面は硬くして耐摩耗性を持たせたいという場合があります。よく使用される表面硬化法にはどのようなものがあるでしょうか。

高周波焼入れ

炭素鋼や合金鋼の部品をオーステナイト変態点に加熱してから急冷すると、マルテンサイト組織となり、引張強さと硬度が高くなります。このままでは、衝撃値や伸びが低く、もろくて使えませんので、100℃～200℃または400℃～600℃まで加熱して焼戻します。これを焼入れ焼戻しといい、加熱した部品全体の硬度が上がります。

部品の表面だけを焼入れ硬化するには、高周波焼入れをします。銅コイルを部品に接近させて高周波電流を流すと、部品表面に高周波誘導電流が生じ、表面の

図表5.54　高周波焼入れ

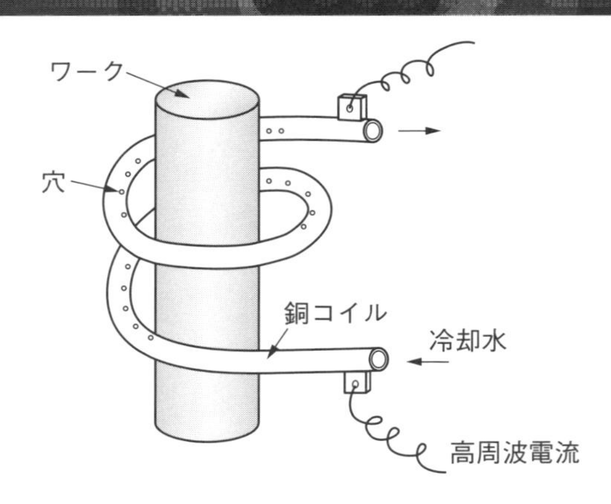

み瞬時に赤熱されます。このとき銅コイルから冷却水を噴出させて急冷します（**図表5.54**）。

あまり低炭素では硬度が上がらないので、0.2〜0.3%以上の炭素含有量でS45Cなどがよく使われます。焼入れ後は200℃程度で焼戻して使用します。

浸炭法

靭性のある低炭素鋼の表面に炭素を拡散浸透させ、表面のみ焼入れ焼戻しするのが浸炭法です。炭素の供給源として木炭を使う固体浸炭法、COやCH_4を使うガス浸炭法、青酸ソーダを使う液体浸炭法があります。

機械加工のあと、浸炭して焼入れ焼戻して研削などの仕上げ加工をします。浸炭に適した肌焼鋼としては、S15CK、SNC21、SNCM22などがあります。

窒化法

窒化鋼としてアルミ、クロム、チタンなどを含むSACM鋼に窒素を拡散・浸透させてHv1200程度に表面を硬化させます。アンモニア（NH_3）ガスの中の窒素が添加元素と硬い窒化物を作り、硬化するといわれています。

焼入れは不要で、窒化温度は500℃と高くないため部品の変形が少なく、対磨耗性・耐食性がよいという長所はありますが、数十時間を要するのが難点です。

なお、タフトライドといわれる塩浴窒化法では、どの鋼種でも短時間で硬化皮膜を形成できます。しかし、シアン化合物は猛毒で取り扱いが難しく、あまり使われません。

クロムメッキ

クロムの電気メッキには、装飾用と工業用があります。工業用はHv900程度ですが、耐摩耗が目的の場合はHv1100で使用されます。この場合母材が軟らかいと剥離しやすいので、下地も硬くするほうが寿命は長くなります。

例えば、軸やプランジャーなど摺動部品で耐摩耗性を要する場合、焼入れ研磨してからクロムメッキし、最終研磨して寸法に仕上げます。

金属溶射（メタリコン）

溶射とは、アセチレン炎や交流アーク熱によって金属を溶融し、部品表面に吹き付けて皮膜を形成し、溶射金属の特性を付加する方法です。溶射金属は防錆防食であれば、亜鉛・アルミニウムなど、耐熱・耐高温酸化性であればニッケルやクロム合金、耐食性ではセラミック・タンタルなどを溶射します。

耐コロージョン性や耐摩耗性を付加するためにCo、Ni、Cr、Al、Yなどを含んだいわゆる自溶合金が市販されており、METECO、COLMONOYが商標として知られています。

溶射前に母材表面にローレットをかけるなど、素地を荒らすと剥離しにくくなります。なお、溶射はほとんどの金属でできるので、母材と同じ金属を肉盛りして摩滅部品の補修に利用することもできます。

金属蒸着法

蒸着法には、被覆金属をガスの化学反応で部品表面に付着堆積させる化学的蒸着法と、真空電界中で被覆金属の温度を上げ、イオン化させて部品に付着堆積させる物理的蒸着法があります。化学的方法ではTiC、Al_2O_3を蒸着させることができ、物理的方法ではTiC、TiNを、例えば切削工具の表面に付着させて性能を向上させます。

5-10
部品の防錆処理

金属は錆びることが欠点です。錆による損害額は年間莫大なものといわれています。錆は電気化学的なメカニズムで発生するのですが、その対策はどのようにするのか学びましょう。

金属の素地調整

金属表面に塗装やメッキをする前に、錆や油脂を除去して、付着をよくする作業を素地調整といいます。錆落としには物理的方法と化学的方法があり、錆落としのグレードとしてわが国では**図表5.55**のようなケレン等級で指定することがあります。

米国では素地面の調整方法として、SSPC規格でSP1からSP10までの10種類を規定しており、輸出などで適用されます。

図表5.55 素地調整のレベル

処理等級	処理方法	素地の状態	SSPC*規格
一種ケレン	ショットブラスト、 サンドブラスト バレル研磨 酸洗・アルカリ洗浄	ミルスケール・錆を完全に除去し、鋼材の素地を95%は露出する。 (酸化防止の化成処理)	SP-10 Near White Blast Cleaning
二種ケレン	デスクサンダなど 空圧電動工具	強固なミルスケール以外の錆を完全に除去する。 油脂・水分は完全に除去する。	SP-6 (SP-3) Commersial Blast Cleaning
三種ケレン	ワイヤブラシ、サンドペーパなど 手動工具	浮さび、浮スケール、油脂、汚れ等を除去する。 かすかな金属光沢をもつ。	SP-2 Hand Tool Cleaning

＊ 米国鋼構造塗装会議 (Steel Structures Painting Councils)

プライマ塗装

素地調整した面を一時的に保護するために、プライマという下塗りをします。プライマは金属との付着力があり、上塗り塗料との親和力のあることが必要です。

錆止め塗料としてよく見かけるのは、べんがら（Fe_2O_3）を顔料とした赤い下塗りです。錆止め塗料にはラッカープライマ、ジンクリッチプライマ、ウオッシュプライマなどがありますが、上塗り塗料と反応してしわになるものがあるので、実績のない組み合わせは相性を確認するのがよいでしょう。

塗装

塗料は樹脂と顔料を溶剤に分散させたコロイドですが、樹脂にはラッカー系、フタル酸系、エポキシ系、ポリウレタン系などがあり用途に応じて選択します。

ラッカー系は１時間で乾く速乾性ですが、肉もちや付着力、見栄えの点でやや難があります。フタル酸系は乾燥に20時間かかりますが、付着力、肉厚感、光沢があり、耐油性、耐薬品性、耐候性ともによく、高級感があります。

エポキシ系は密着力に優れ、硬度が高く、可撓性があり、耐候性・耐薬品性に優れています。乾燥炉で30分程度の加熱が必要です。ポリウレタン系は乾燥が速く、塗膜に弾力と光沢があり、耐候性・耐溶剤性・耐薬品性があります。

亜鉛メッキ

亜鉛メッキには、電気メッキと溶融メッキがあります。溶融メッキはドブ漬けともいわれ、亜鉛の溶融浴に部品を浸漬して引き上げ、被覆を形成します。亜鉛は鉄鋼よりイオン化傾向が大きく電気的に犠牲陽極となるので、亜鉛メッキ層が存在する限り、鉄鋼は錆びません。湿気のある場所での防錆によく使われますが、最近ではビルの屋外非常階段によく見られます。

黒染め

黒染めは、部品表面に黒色酸化鉄皮膜を生成し、簡易防錆とするものです。六角穴付きボルトや銃身の黒い皮膜で、一般の機械まわりでは塗装不要で装飾にもなります。

皮膜は四・三酸化鉄（Fe_3O_4）ですが、水分があると三・二酸化鉄（Fe_2O_3）に変わり、赤錆になります。

部品図には「黒染め」と注記しておけば、酸化剤を容器に入れ、部品と煮沸して着色します。

四方山話　色の表示

色彩の表現には顕色系・混色系・色材混合系などがあります。顕色系は色を見た目で等分割して記号化する方法、混色系は光の混合割合で表示する方法、色材混合系はペイントなどの混合量で表示する方法です。

アメリカの画家で美術教師のA. マンセルが考案した顕色系のマンセル記号は、JIS規格に採用されています。これは色の3属性といわれる色相・明度／彩度を記号であらわしたものです。

色相は、基本5色（R・Y・G・B・P）と中間色の5色（YR・GY・BG・PB・RP）の10色をさらに10分割して、100色相としています。

明度は、黒から白までを0から10までの11段階として、明るさをあらわします。

彩度は、有彩色の純粋さをあらわし、グレーを0として10までの11段階で冴えの度合いを示します。

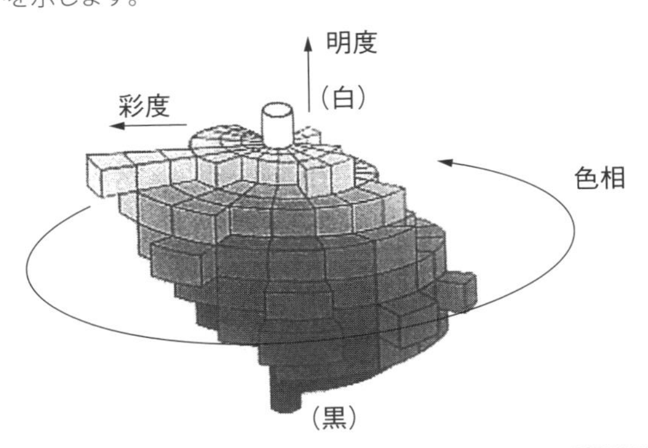

四方山話

ステンレスのもらい錆

SUS304などオーステナイト系ステンレスは不銹鋼といわれ、錆を嫌う部分に広く使用されます。ステンレス鋼の表面は3酸化クロム（Cr_2O_3）の薄い透明な皮膜で保護され、内部は銀色に輝いています。機械やプラントではステンレス部は塗装禁止とするのが普通です。

しかし、炭素鋼と重ねて置くと、酸化皮膜が電位差の関係で破壊され、赤錆が発生します。これをもらい錆（置き錆）といいます。早めにふき取らないと錆が内部に進行して、思わぬ損害となります。

材料保管では異材質を識別区分せよといいます。整理整頓は単なる精神論ではないのです。

第6章

設計不良を防止するには

◆ものづくり指令書である図面にミスがあると、製品はできません。

◆工程の下流へ行くほど設計不良の損害は大きくなりますので多方面に迷惑をかけます。出図前に、自分の手元にあるうちに謙虚に冷静に図面を見直して誤りをつぶさなければなりません。

6-1 設計不良の種類

設計不良はあれこれ散見されますがどのような原因で発生するのでしょうか。どのような種類があるかその原因がわかれば対策も立つのではないのか考えてみましょう。

（1） 設計不良とヒューマンエラー

機械の設計が完了して部品製作・組立・調整運転を終え、現地に設置され、検収されることが製造業務の流れですが、途中何かと問題が発生することが多いものです。とくに、量産機・標準機よりも開発機・特殊仕様機にトラブルが起こりやすいといえます。設計に起因するトラブルには多種多様な原因があってとらえどころがありません。

そこで「設計不良」の定義を明確にして、これを引き起こす人的過誤（「ヒューマンエラー」）の定義と併せて考えてみます。

Design Defect：仕様にしたがって製造されるアイテムにおいて関連するすべての状況を考慮して合理的な工学的慣行から設計が逸脱していることに起因する欠陥。（JIS Z 8115）

Human Error：意図しない結果を生じる人間の行為（JIS Z 8115）

また、ヒューマンエラーの分類については英国の心理学者REASON博士が「意

図表6.1 ヒューマンエラーの分類

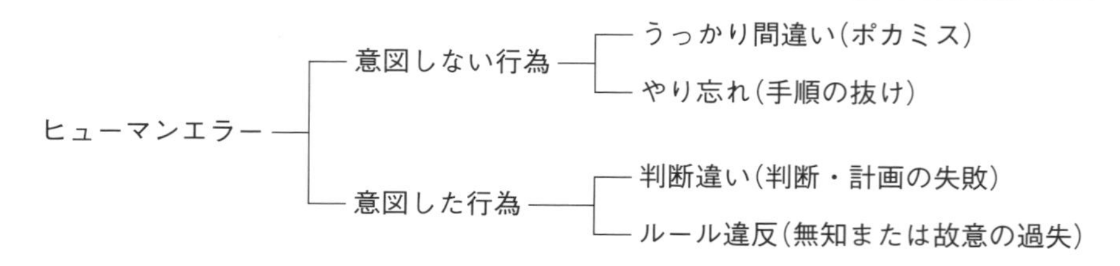

図しない行為と意図した行為がある」としています（**図表6.1**）。

このヒューマンエラーの分類を設計不良の分類に重ねて考えてみることにします。

（2） 設計不良の分類

設計不良をヒューマンエラーの一形態としてみるなら、設計不良も意図しないミスと意図したミスに分類できます。

設計不良とは欠陥として製品等にあらわれた結果ですが、これを原因系から見ると単純な原因によるうっかりミスと判断の結果が間違っていた設計ミスに大別されると考えられます（**図表6.2**）。したがって、この２つについての対応を考えればよいことになります（**図表6.3**）。

図表6.2　設計不良の分類

設計不良
- うっかりミス（単純ミス）：勘違い・早合点・思いこみ・計算ミス・訂正ミス・あせり・自信過剰
- 設計ミス（判断ミス）：技術経験不足・連絡情報不足・試作検証不足

図表6.3　双頭の怪物

6-2 設計不良の事例

身近な設計不良の事例を原因別にいくつか取上げ、どのような対応をしたか検討してみましょう。

（1） うっかりミスの事例

①洗浄機のぞき窓の取付け不良

・概要：高圧水洗浄機の洗浄状態をチェックするために洗浄室にのぞき窓を取付けます（**図表6.4**）。窓の製作図は既存の図面のコピーを一部修正して流用していました。

ところが組立現場からのぞき窓が取付かないとの連絡が入ったのです。

・原因：既存の原図を複写し、窓本体のたて横寸法と透明アクリル部の寸法は修正したのですが、取付けボルトの穴ピッチ（125mm）を修正し忘れました。そのため窓の取付け穴ピッチが洗浄室の取付けタップ穴ピッチ（150mm）と

図表6.4 のぞき窓

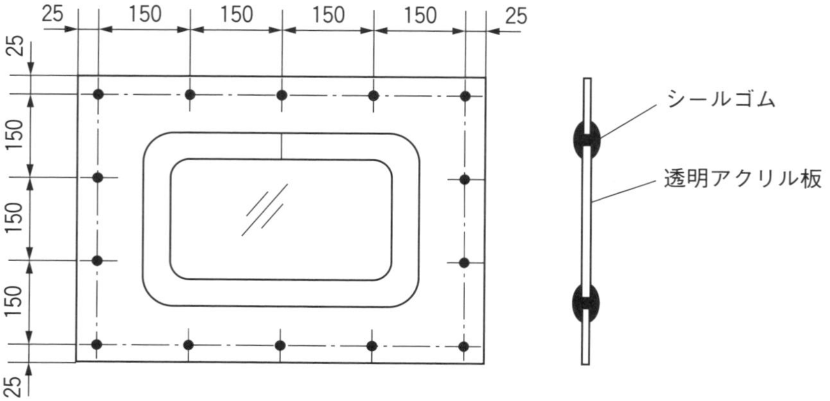

合わないことが判明しました。

・処置：ボルト穴をすべて溶接で埋め戻し、ドリルでピッチ150mmに穴あけ再加工しました。

・対応：取合い部に関しては部品図の個別検図のほかに、取合い部品図同士をつき合わせて取合い寸法の確認を行なうことが必要です。

②ブラストマシンの作動不良

・概要：ノズルから砂を噴射して加工物を研磨するサンドブラストマシンを設計しましたが、ノズル揺動機構に砂が目詰まりして運転不能となってしまいました。

・原因：ノズル揺動機構は機構事例集を参照して、平面カム偏心機構を採用して設計しました（**図表6.5**）。しかし、新人が作図に専念するあまり、それが目的となってしまったのです。砂という粉塵の作動環境では砂が運動部に入りこみ固着してしまうという当然のことを考慮する余裕がありませんでした。

・処置：平面カム方式を改造して、ブラスト室の外部のリンク式揺動機構に設計変更しました。

図表6.5　ノズル揺動機構

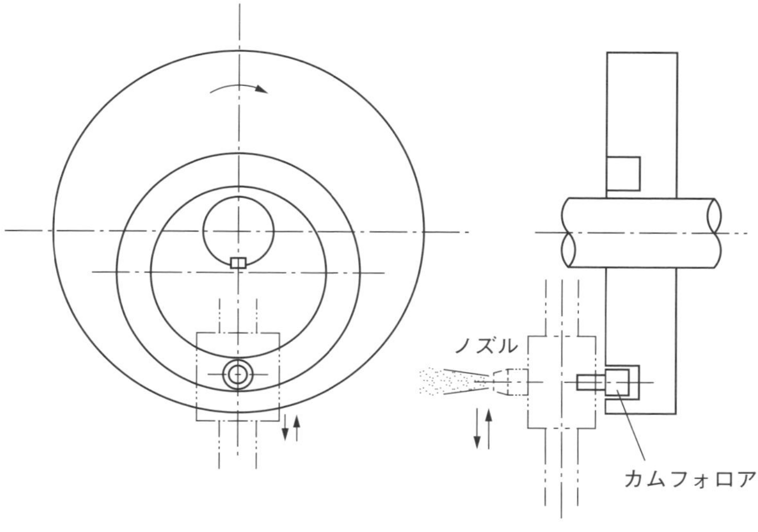

ノズル

カムフォロア

・対応：機構の選択に当たっては想像力を働かせてあらゆる問題を想定して検討することです。粉塵環境は分かりきったことでしたが、とくに新人は作図が目的となり、自明の現象も洞察できないので、注意が必要です。

（2） 判断ミスの事例

①高圧水弁の切換え不良

・概要：エアシリンダ駆動の高圧水切換弁が客先納入後１、２ヶ月で切換え不能となりました（**図表6.6**）。

・原因：弁内を通過する高速水流によって、螺旋形状のコイルバネが旋回力を受け、弁体と接触する端部が摩耗し続けて消滅したため、切換えができなくなったのです。

・処置：切換えにバネを使用しないバランスピストン形の高圧弁に設計変更しました。

・対応：コイルバネが消滅するとは不思議に思われましたが、原因が解明されれば当然の帰結です。起こりうるあらゆる可能性を想定しなければならないので、想像力の不足が招いた設計不良といえます。

②回転軸の疲労破壊

・概要：設計変更した回転軸が短期間で溶接部から破断してしまう（**図表6.7**）。

・原因：破断面を観察すると疲労破壊に特有の貝殻状の縞模様が見られました。設計変更ではコストダウンのために軸径を細くしており、このため撓みが大きくなったのです。

　軸が回転すると、撓みつつ振れ回るために繰返し曲げを受け、疲労破壊に至ったと考えられます。

　２ポール三相交流電動機で駆動される回転軸が、電源周波数50Hz地域で疲労破壊の繰返し限度10^7に到達する時間はすべり率４％として次の計算から2.4日となります。

$$\frac{10^7}{60\times50\times0.96\times2/2}=3472\ (\text{min})$$

$$=2.4日$$

図表6.6　高圧水切換弁

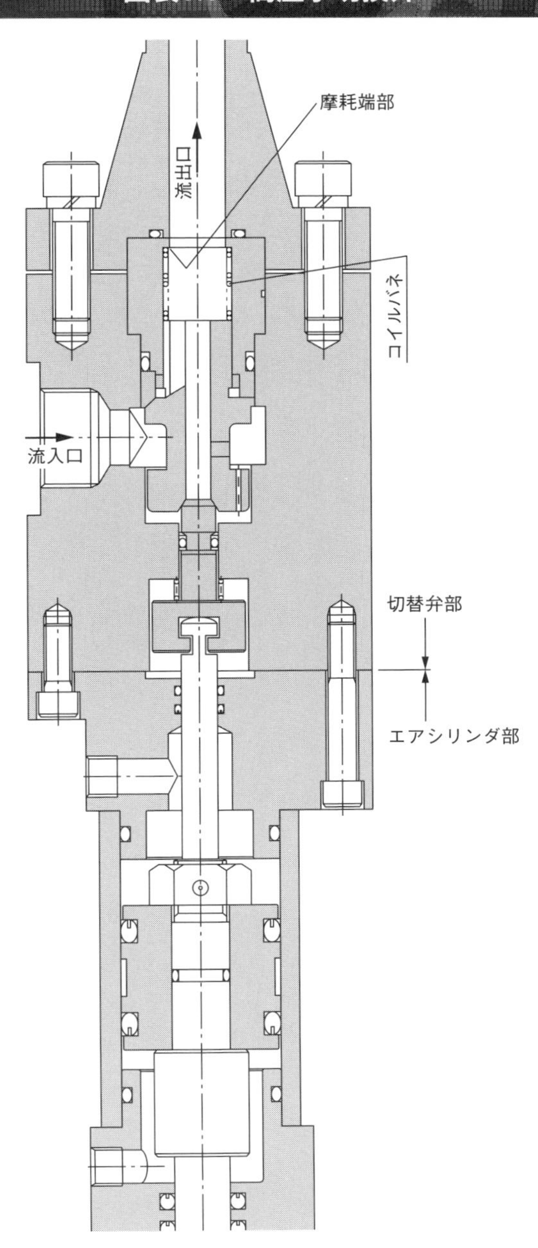

図表6.7　回転軸の繰返し曲げ

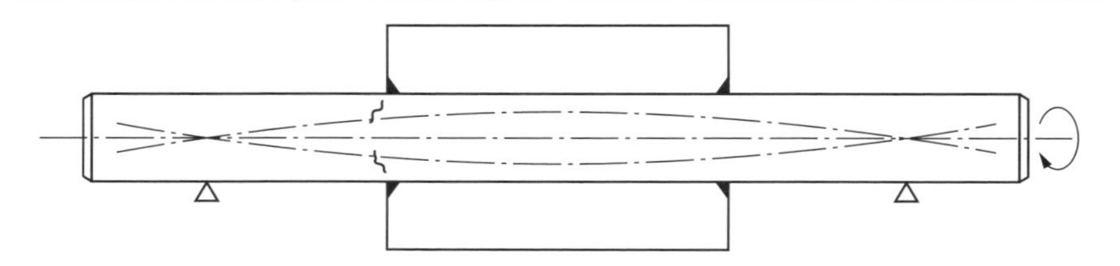

・処置：軸径を原設計へ戻して剛性を回復し、撓みを許容限内に収めました。
・対応：材料費節約のために軸径を細くしたことが判断の誤りでした。コストダウンもあらゆる結果を考慮して行なうことが必要といえます。

自分の書いた図面には必ずミスが含まれていると考えてそれをいつどのようにして捕捉するのか考えてみましょう。

（1） 自己検図の心構え

設計担当者としては自分の書いた図面には必ず間違いがあるという謙虚さをもってチェックを重ねなければなりません。でき成りで５％の設計不良を含む95％の完成度とすれば、一回目のチェックで98％まで改善され、３回目で99.5％までに高めることができます。

検図は係長の役目だからと不十分な検図で上司に提出してはなりません。上司も忙しくてチェックしている十分な時間はないし、上司があらゆる問題を予測して部下の図面の間違いを指摘することは難しいものです。

１番詳しいのは自分であり、後工程に不良品を渡さないという気概を持って自己検図に当たらなければなりません。しかし、知らないことは勝手に判断せず先輩に聞く、資料を調べるなどして確認する。社内でも経験がない場合には仮説を立てて、実証試験をして実証してみることが必要である。

出図後に設計不良が発覚すると会社や社会に大きな損失を与えます。それは後工程へいくほど修正にコストと工数が膨れ上がり、会社や顧客に多大な迷惑をかけてしまいます。

そこで、どうしても鉛筆と消しゴムで修正のきく出図前に設計不良を捕捉して、手直しをかける必要があります。

ポカミスが多いのは知識経験の不足している新人、自信過剰で検図不備な自信家とうっかり者です。自分がどれに該当するか謙虚に反省し、一層の注意を払うことです。

一度設計不良を出したら、その怖さを骨身にしみて味わい、二度と出すまいと心に誓うことです。そのうちに性格、考え方も慎重になっていくものです。

（2） 自己検図のすすめ方

①検図のタイミング

計画図や部品図を書き終えたとき、頭はフル回転して過熱状態にあります。このようなときに図面や書類をチェックしても誤りは見えません。それは先ほど正しく処理したはずなのでと、赤鉛筆のチェックマークを機械的に入れるだけになってしまいます。

そうではなく、頭を冷やして初期状態で検図しなければ意味がありません。頭を初期状態へ戻すには、一晩寝て翌日検図にかかるのがベストで、根本的な誤りやつまらない勘違いがあれこれ見えてきます。

それはパソコンがロック（暴走）したとき、いったん電源を切ってから再立上げすることにより、初期状態に戻すことと同じです。

翌日まで延ばせないときは次に急ぐ仕事を検図前に入れて、頭を切換えるとよいのです。あるいは、昼休みを挟んだり、急ぐときはコーヒーブレイクを入れるだけでも違ってきます。

つまらないミスはすぐに直せますが、根本的な誤りに対しては再設計か、妥協しかないのです。工務課への図面提出期限になって泡を食って検図しているのでは再設計の余裕はありません。いつも時間に追われて仕事をするのではなく、時間を追いかける仕事の手順・段取りでなければなりません。

時間を追いかける仕事をするのはかなり経験を積まないと難しいものですが、常にそのように心がけて仕事をするうちに身についてきます。

②訂正ミスに注意

一部図面に不備があって訂正した場合、これに関連して修正すべき箇所が出ることがあります。これを見落として設計不良となることを訂正ミスといいます。訂正ミスは結構、起こりやすいもので、関連部分の修正には気をつかわなければなりません。

③寸法漏れのチェック法

図面を書いたら必要な寸法の記入漏れがないかチェックしなければなりません。

図表6.8　横方向の寸法

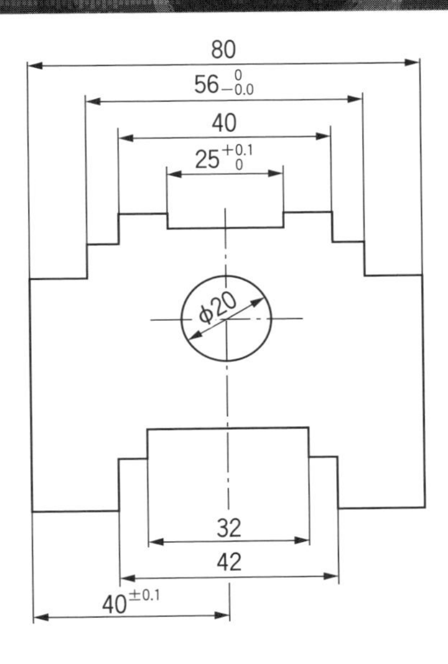

これは横方向の寸法と縦方向の寸法に分けてチェックすると漏れを発見しやすいものです。つぎは斜め方向の漏れがないか、直径寸法などをチェックします。

図表6.8で横方向はすべて寸法が入っていますが、たとえば、基準面（端面）からの中心までの寸法を押さえる必要があると気づいたりします。

四方山話　設計不良のA様B様

勤務先の下請けのある部品製作会社を訪問したとき、そこの社長がこう切り出しました。

「御社には設計不良のとくに多いお二人が居られます。A様はちょっとしたミスの多い方で、そこを1mm追い込んでと手直しすれば何とか使えますが、B様は根本的な誤りが多く救いようのないミスをする方です。」

確かに、A様は単純ミスの多いうっかり者で、B様は判断ミスの多い基本的判断を誤る人でした。この二人の典型がそのまま、設計不良の分類に当てはまっているといえます。

④設計要領集やチェックリストを作れ

設計を担当する製品についての設計要領集や検図チェックリストを自分なりに作成して活用することも必要です。製品ごとであったり、製作図、承認図、組立図など図面の種類別であったり、必要に応じて機械加工図、鋳物図、板金図、溶接図など工程別に作ってもよいでしょう。

それは自分だけの虎の巻にするのもよいのですが、設計部署の責任者が声をかけて持ち寄り、これらをまとめて設計部署の資料として常備するのがよいでしょう。

四方山話 **設計不良ゼロへの試み**

ある石けんメーカーから27連往復動定量ポンプを受注しました。

石けんですから油脂、界面活性剤、香料、色素等27種類の原材料を正確な比率で撹拌槽に注入し、撹拌して成形型に注入して固形化するのです。

正確な配合比率と共に全ポンプが同期回転する必要があるため、2階建の架台を組み1階は10台のポンプをモータに連結して回転し、2階はタイミングベルトをかけて駆動する大がかりなポンプ装置です。

設計係長として誰を設計担当に振り当てようかと考えたのですが、若手ばかりなので、候補としてはうっかり者のA様と大チョンボのB様しかいません。

設計の経験量から見て、若いB様よりも年配のA様に振ることにしました。

ところが現場の組立係長は「こんな大掛かりな装置がA様に設計できるわけがない。」と猛反対したのです。「無事に組み上がったらシャッポ脱いで見せる。」

A様の設計した図面は設計係長が全数検査し、かなりの指摘をして修正されました。そして製作は順調に推移し、組立完了したのです。

その多連ポンプの馴らし運転の場で組立係長は作業帽をとって深ぶかと設計係長に頭を下げたのでした。

第7章

原価低減の考え方

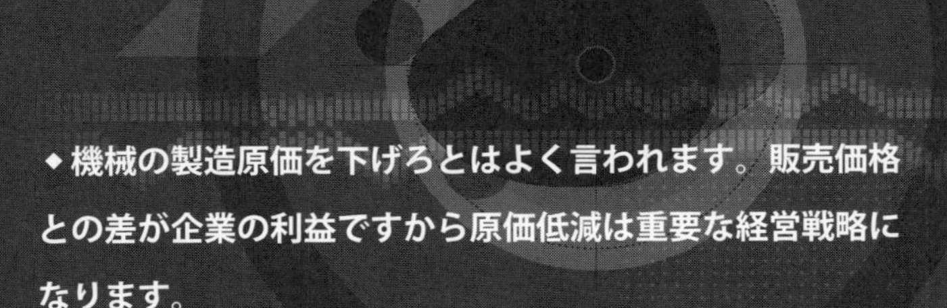

◆機械の製造原価を下げろとはよく言われます。販売価格との差が企業の利益ですから原価低減は重要な経営戦略になります。

◆でもどうやればできるのでしょうか。それはこれまでの各章で学んできたいろいろな注意点にのっとって設計し、加工し、組立てることで達成されます。つまりこの本のノウハウというものは早く安く楽に機械を製作するための秘訣でもあるのです。

◆ここで原価低減の方法論はどのようなものか考えてみましょう。

7–1 原価の構成

まず製造原価とは何から成りたっているのか調べてみましょう。

製造原価は材料費・人件費・経費から成り立ち、これを原価の３要素といいます。

製造原価＝材料費＋人件費＋経費

さらに工場である機械を製造するために支払った費用を直接費、工場全体の運営のために支払った共通的な費用を間接費といいます。

したがって、ある機械を製造するためにかかる直接的な原価は直接材料費・直接人件費・直接経費を合計したものです。実際には間接費や固定費を各製品に配分して合計した価格を製造原価としています（**図表7.1**）。

図表7.1　製造原価の構成

	原価要素	原価費目	固定費	変動費
直接費	直接材料費	原材料費・購入部品費		○
	直接労務費	直接工賃	○	
	直接経費	外注工賃・外注設計費		○
間接費	間接材料費	工場消耗品費 補助材料費 消耗工具・器具備品費		○ ○ ○
	間接労務費	間接工賃金・事務係給与	○	
	間接経費	福利厚生費・減価償却費 賃借料・保険料・修繕費 ガス水道料・旅費交通費 電力料	○ ○ ○ ○	 ○

四方山話　原価はすべて人件費

原価を構成する材料費・労務費・経費のうち、材料費として鋼材を考えてみます。鋼材は鉱山で鉄鉱石を採掘し、製鉄所で精錬し、製鋼所で圧延し、切断され輸送されて販売されますが、鋼材の原価とはこれらの作業に関係したすべての人々の労務費と材料費・経費が加算された価格に等しいと考えることができます。

また、原価の１要素である経費は、修繕費・運賃・保険料などのサービス費用ですが、やはり、材料費＋労務費＋経費からなっています。

したがって、これを突きつめていくと、「ものの製造原価とは製造に関与したすべての人々の労働コストを総計した価格である」と考えることができます。

そこで究極的には、「コストとは、製品を製造するために人間が要する経済活動時間の総計を価格で表したもの」といえます。

見方を変えれば、原価低減（コストダウン）とは、いかに人手を掛けずに価値を実現するかということですから、人間を労役から解放する指標と見ることができます。

<table>
<tr><th colspan="7">原　価</th></tr>
<tr><td rowspan="3">人件費
（労務費）</td><td colspan="3">材料費</td><td colspan="3">経　費</td></tr>
<tr><td rowspan="2">人件費</td><td>材料費</td><td>経　費</td><td rowspan="2">人件費</td><td>材料費</td><td>経　費</td></tr>
<tr><td></td><td></td><td></td><td></td></tr>
</table>

原価と人件費

7-2 原価の低減

次に個別の機械の製造原価を低減するために直接費について取上げ、どのような考え方で低減するのかの参考例を示します。

原価を下げれば品質が下がるといいますが、それはチエが出ていない場合です。もちろん過剰品質は必要ないのですが、うまいチエを出して原価低減する、そして製造業として利益を確保していくことは必要なことです。

（１） 直接材料費の低減

直接材料費とは機械を構成するための鋼板・形鋼・棒鋼などの鋼材や、モータ・シリンダ・減速機・注油機などの専門メーカーが生産する購入品や、ボルトナット・歯車・軸受など標準規格部品を購入する費用です。

これを低減するためにたとえば、油圧空圧部品としてシリンダを選定する場合を考えてみます。比較的ラフな動きでよい機械なので駆動源は油圧ではなく、割安となる空圧駆動方式をとることにします（第１章　油圧空圧の特長P19参照）。

しかしこの場合、低速送りで微速でも安定した前進運動を要求されているので、空圧ではスティックスリップ現象がおき、息つぎ運動をして不安定となります。

そのためにエアハイドロコンバータを使用して、送りシリンダまわりのみ油圧に変換すれば、低速で安定した送りを得ることができます。

そこで購入品価格を調査して、より安価なことを確認して決定することになります。

このような工夫により油圧ユニットが不要で工場空気が使用できるため価格低廉となる空圧駆動とし、同じ機能で原価の安い方式を計画することができます。

（２） 直接人件費の低減

直接人件費は機械の設計を担当する設計人件費や、その機械の部品加工工賃、組立工賃、その機械についての外注設計費、外注製作費などです。

設計人件費の低減についてはミスのない図面をより少ない残業時間で、予定通りの期日に出図することです。

現場作業者の人件費を下げるには作業が早く楽に安全にできる図面を書くことですが、それにはどのような工夫ができるでしょうか。

たとえば、旋盤で加工する軸物を設計するとき、嵌合部以外は直径で1mm段差をつけます。**図表7.2**は軸に逃げがなく、φ120の同一径であるため仕上げ部が長く、旋盤加工に時間がかかります。また、歯車Aの嵌入にも長い距離を押して行かなくてはならないので時間がかかります。逃げがあるとこの部分はさほどの仕上げ粗さは要らないので速く旋削できますし、組立でも逃げの部分は速く通過することができます。この場合、歯車Bの穴径Dを少し小さくφ116などにとると歯車Aの嵌入はさらに速くできることになります。

さらに、溶接板金設計では材料取りを工夫することにより低減ができます。それは鋼材の規格寸法に合せて設計寸法をとることによって、切断やバリ取り作業を最小限に抑えることです。たとえば、**図表7.3**でブラケットの寸法A、Bが72mmのところ、帯鋼の規格に合せて75mmにとれば、大きな鋼板から切出さなくても帯鋼のワンカットで部材ができるのです。これにより切断時間や、バリ取り時間を短縮して、ガス切断では酸素アセチレンのガス量を削減して消耗材料費を抑えることができます。さらに**図表7.4**のように材料取をすれば、もっと材料費の低減ができることになります。

図表7.2　軸の逃げ

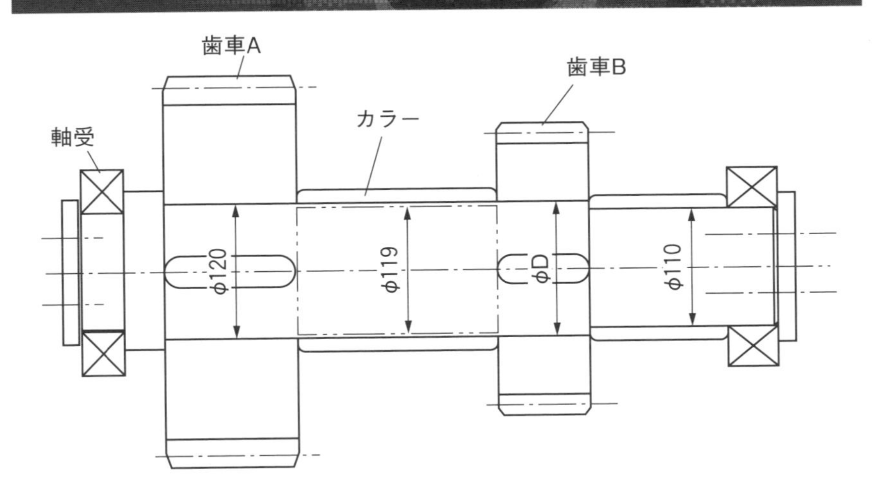

図表7.3　ブラケットの材料取り

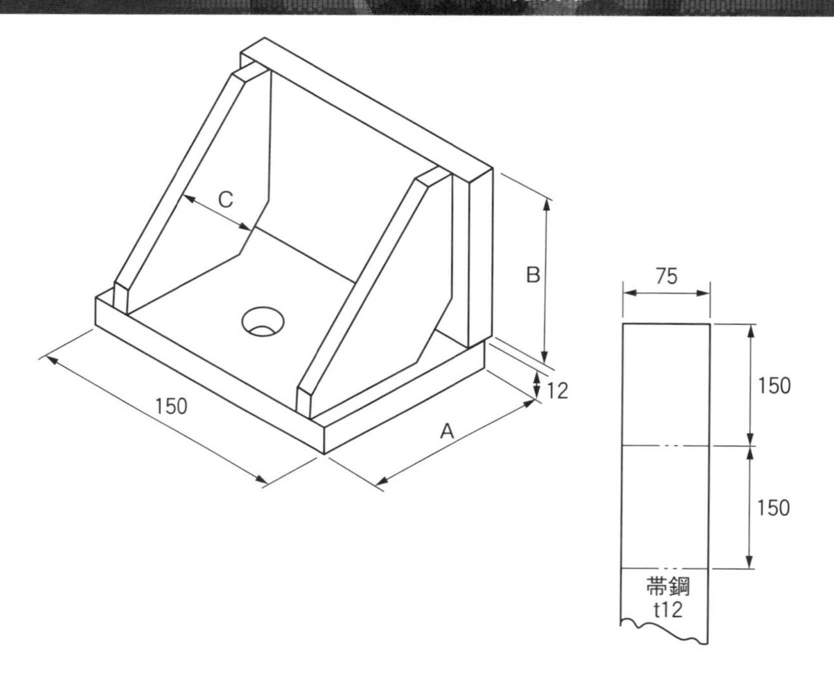

図表7.4　ブラケットの原価低減案

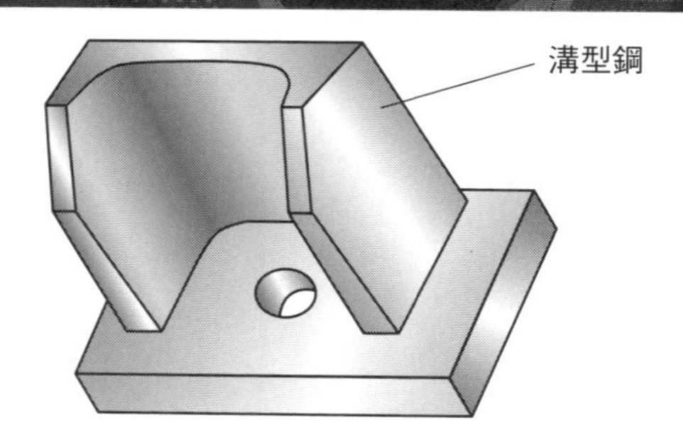

つぎに、組立作業の短縮としては位置決めを工夫することにより寸法出しの調整を不要とすることができます。**図表7.5**のような２本のレール取付けにおいてレール間隔に精度が必要な場合、(a)では組立にダイヤルゲージ等を使用して心

図表7.5　肩による寸法出し

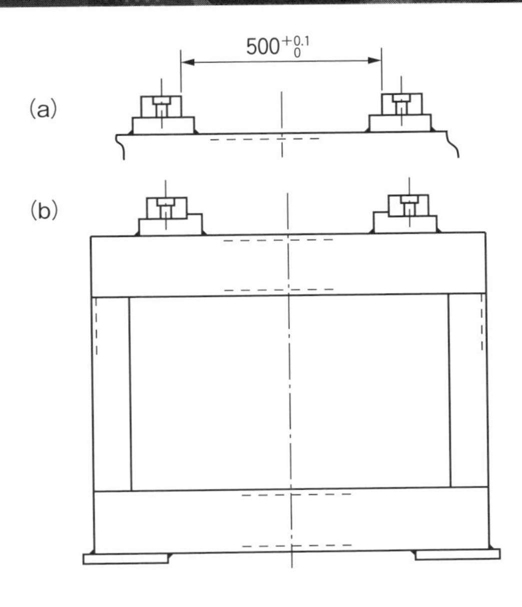

だし作業をしなければならなりません。しかし、(b)のように機械加工で肩をつけて必要な公差に削っておけば、レールを載せるだけで公差が得られますし、メンテナンス時も調整なしで迅速な組立ができます。また本文中で説明したインロー嵌合も迅速組立の手法です（P84参照）。

（3）　直接経費の低減

直接経費とはその機械を製作するために要した荷造り梱包費、運送費、消耗品費、雑費などをいいます。

たとえば、ある大型機械の受注で現地までの運搬にトラックではまにあわず大型トレーラに積載する必要があり、また現地での荷卸・据付に超大型クレーンが必要となったとします。この場合いかにして原価低減をはかればよいでしょうか。

まず、大型機械を分割型に設計できないか検討し、関連部署に意見を求め、客先の承認をとります。分割によって現地組立時間が多少かかりますが、通常のトラックとクレーンで運搬据付する場合とどちらが安くなるかの検討をして決めることになります。

7-3 材料費と加工費の関係

材料費を低減したら部品がビビッて削りにくくなり、切削工数が大幅に増えてしまったのでは、元も子もありません。注意点はどんなことでしょうか。

溶接構造物は溶接では精度が出ないので、機械加工によって切削することにより平面度や寸法精度を得ます。このとき材料費を節減するために細い型鋼や薄い鋼板を使って軽量化したとします（**図表7.6**）。そこで、加工機械にかけて切削するとビビリ（振動）が出ることがあります。ビビると平面度や寸法精度が出ず、加工そのものができないこともあります。

図表7.6　剛性不足で切削困難

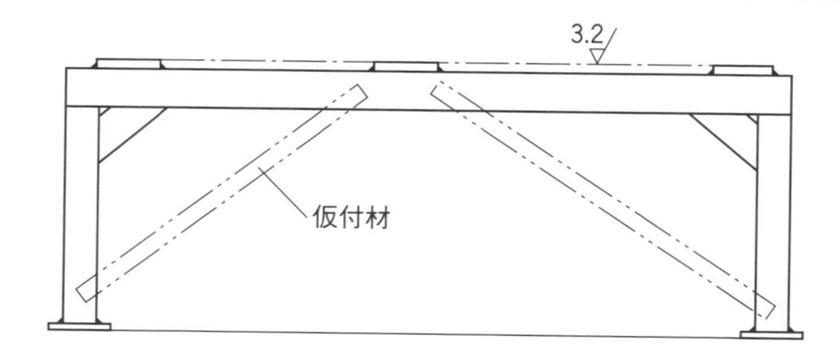

しかし、現場の作業者は図表7.6のように補強材を仮付けして切削してしまうかもしれません。加工後仮付けを外すと溶接ひずみにより変形するから、平面度も平行度も狂ってしまうので、これはやってはいけません。新規設計では剛性に余裕を見た設計をするのが安全サイドになります。

このように材料費は抑えたが加工に時間がかかってしまうというのでは、かえって高くついてしまいます。直接工賃は時間3000円と高く、鋼材費はキロ100円程度なので、一般には材料を減らすより、工数を減らすほうが安くなるようです。

しかし、軸もの部品で旋盤加工する場合、熱間圧延棒鋼（黒皮丸棒）を使用す

図表7.7　軸物の加工例

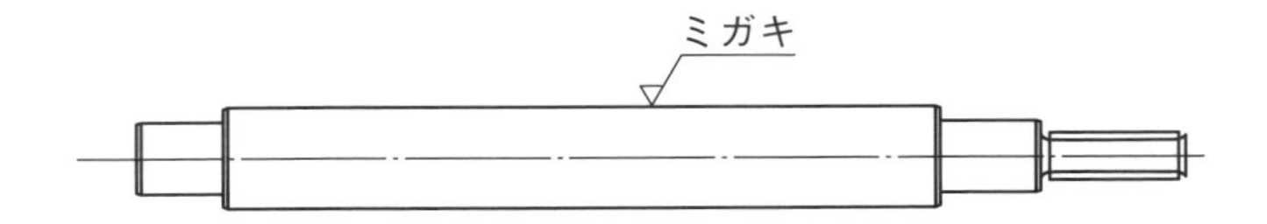

図表7.8　異形部品

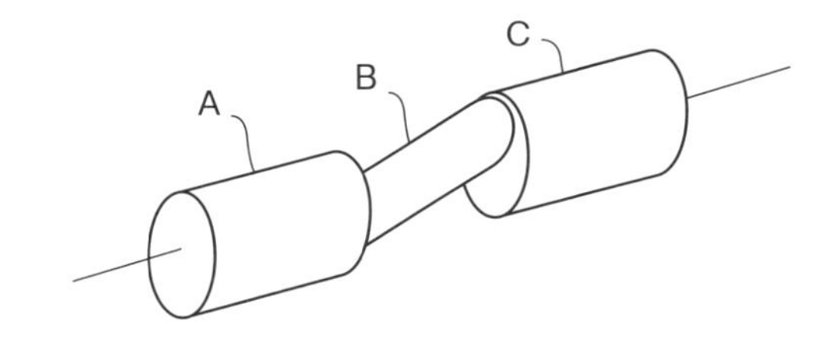

ると外周の黒皮を除去する旋削に時間がかかります。このとき、ミガキ棒鋼（S45C−D）を使用すると黒皮より3割程度単価が高いのですが、外周仕上げ加工を不要とすることができるので長いものや数ものではトータルでは安くなります（**図表7.7**）。

図表7.8のような異形の回転軸を製作するのにつぎのような製作方法がありますが、それぞれに長所と欠点があります。

①一本の棒鋼から旋盤加工で削り出す　＝特殊な治具が必要
②型鍛造で一体成形する　＝鍛造機械や型が必要
③構成部材A、B、Cを溶接する　＝溶接ひずみが残る
④構成部材A、B、Cをボルト組立とする＝ゆるみが問題
⑤ダクタイル鋳鉄で一体に鋳出す　＝製作数量がまとまる必要がある

この中でどの製作方法をとるかについては、上記の問題点と焼き入れ研磨ができるかという条件も含め検討することになります。

しかし、重要なのは材料費＋加工費の合計を比較して採否を決定しなければならないということです。材料費のみで決めたり加工費だけを見て決定しては誤るのです（**図表7.9**）。

図表7.9　部品の製作法の比較

部品形状	製作方法	長　所	欠　点	材料費	加工費	合計
	①削り出し	熱処理ができる。	旋削・研磨に特殊治具が必要。			
	②型鍛造	加工時間が短い。	プレス・金型が必要。熱処理できない。			
	③溶接	加工時間が短い。	熱歪が残る。			
	④組立	加工時間が短い。熱処理ができる	結合部がゆるむ。			
	⑤鋳造	鋳造・加工時間が短い。熱処理ができる	ロットまとめが必要。			

四方山話

財務会計と管理会計

取引先から100台だけ製造原価を割る発注打診があった場合に辞退すべきでしょうか。この場合は取引により流入する金額と流出する金額の差額を計算し、＋（利益）なのか、－（損失）なのかで判断すべきです。原価を割る赤字受注でも差額が＋で利益になるということも多いので、原価で経営判断してはなりません。

一般に知られる会計は**財務会計**であり、貸借対照表や損益計算書を作成して税務署に税金額を、株主に配当額を報告するための外部報告用です。その資料として製造原価計算をしますが、それは便宜的な計算値になるのです。

経営判断をする会計は**管理会計**といわれ、部分原価計算・限界利益などの手法を駆使して経営判断をするための戦略用として使われます。

限界利益とは売上高から変動費を差引いた収益額のことで、経費等が配賦されていないので製品の真の収益力を示す指標となります。各製品の限界利益を計算してみると、今までドル箱と思われていた製品が実は下位であったり、厄介者と思われていた製品が稼ぎ頭であることが判明したりします。

したがって、経営判断は財務会計でしてはならないのです。

第8章

機械の設計事例

◆これまで機械設計の考え方・図面の書き方について、あれこれ学んできました。それでは、工場の現場で実際に使用されている図面はどのようなものでしょうか。

◆本章では、生産ラインで稼動している機械について、組立図がどのように書かれているかを学びます。

8-1 回転溶接機の改造設計

ここで取り上げる機械は、第２章「設計構想の立て方」で溶接部の機構を考案した溶接機です。新規設計の機械ではなく、市販のメーカー標準機を一部改造して、半自動溶接機として生産ラインに設置した例です。

要求仕様

図表8.1のような円筒をフランジにヘリ溶接する工程では、円筒が薄肉のため、トーチ電極のフレ±0.05mm以内の回転精度が要求されます。これまでは熟練工が拡大レンズをのぞいて、調整ネジで電極を合わせながら溶接していました。

この工程を単純化して熟練工でなくても溶接できるようにし、かつ半自動化し

図表8.1　薄肉円筒のヘリ溶接

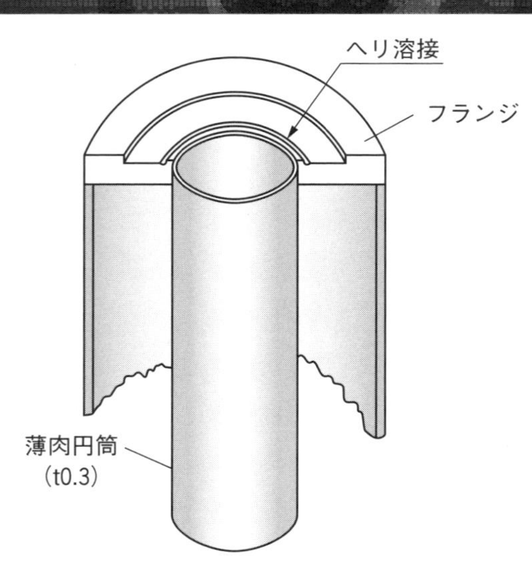

て人離しができないでしょうか。

改造概要

円周溶接する機械を設計するには、ワークを回す回転機構と、トーチを上下する支持部が必要です。

ちょうど、**図表8.2**のような回転テーブルを備えた市販の回転溶接機が古くなって廃棄されるところでした。この機械の回転テーブルと本体コラムを利用して、トーチ保持ユニットとトーチ上下ユニットを製作・取り付ければ半自動機に改造できます。

図表8.2　市販の回転溶接機

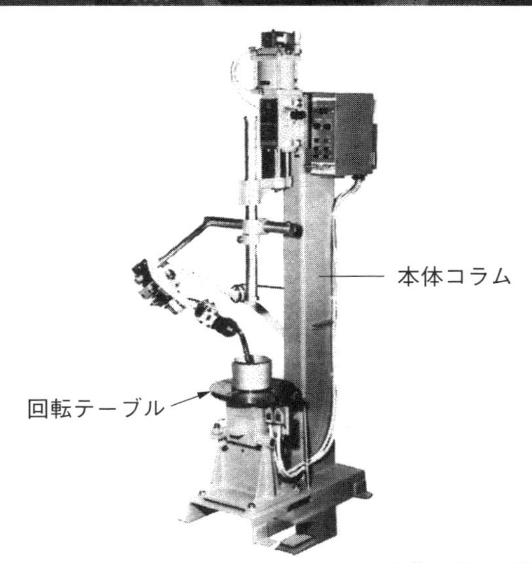

出典：松下電器産業カタログ

改造全体図

図表8.3のように、スライドシャフトの先端にトーチ保持ユニットを取り付け、エアシリンダで上下させる構造に改造します。本体コラムは取り付け座板から先

図表8.3　溶接機計画図

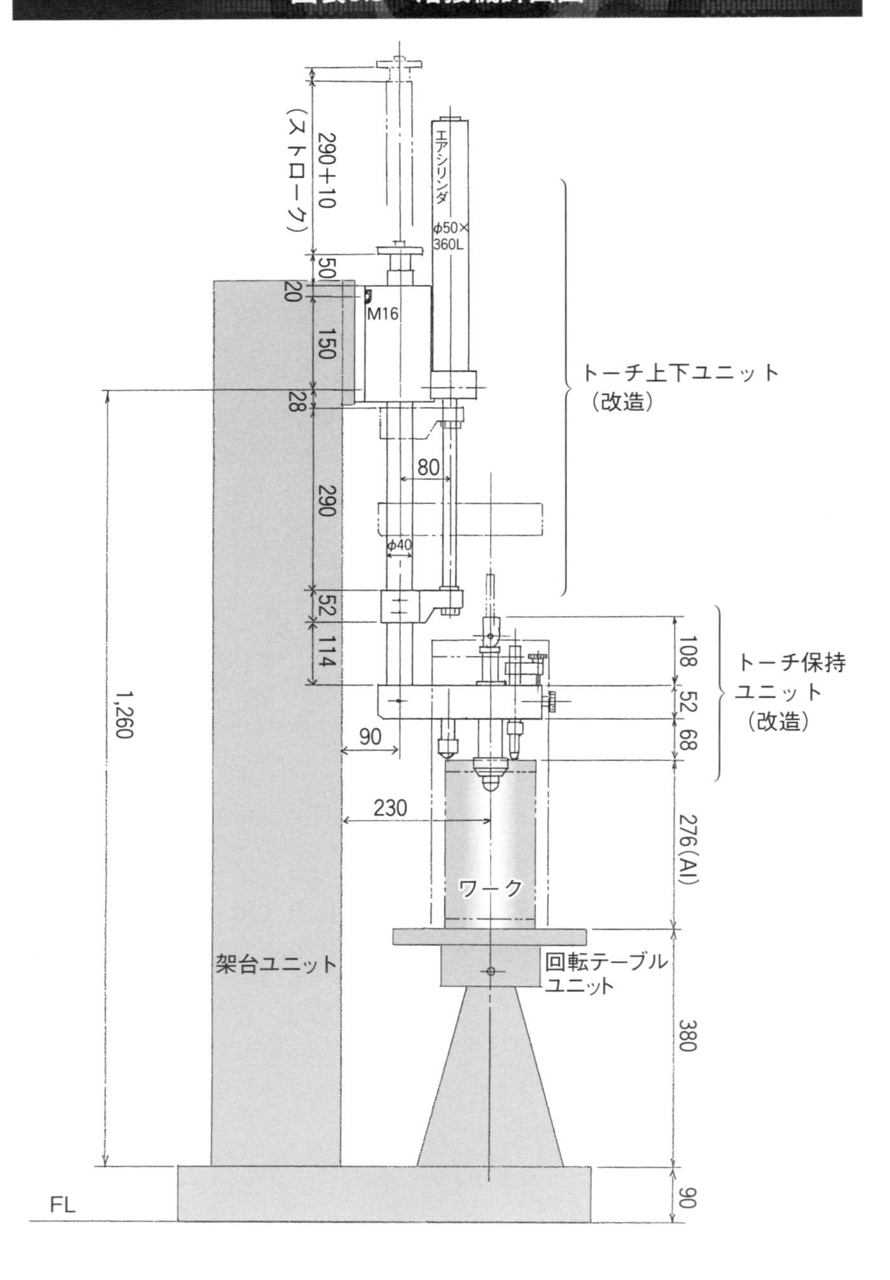

290＋10
（ストローク）
エアシリンダ
φ50×360L
50
20
M16
150
28
80
290
φ40
52
114
トーチ上下ユニット（改造）
108
52
68
トーチ保持ユニット（改造）
90
230
276(Al)
ワーク
1,260
架台ユニット
回転テーブルユニット
380
90
FL

図表8.4　トーチ上下ユニット

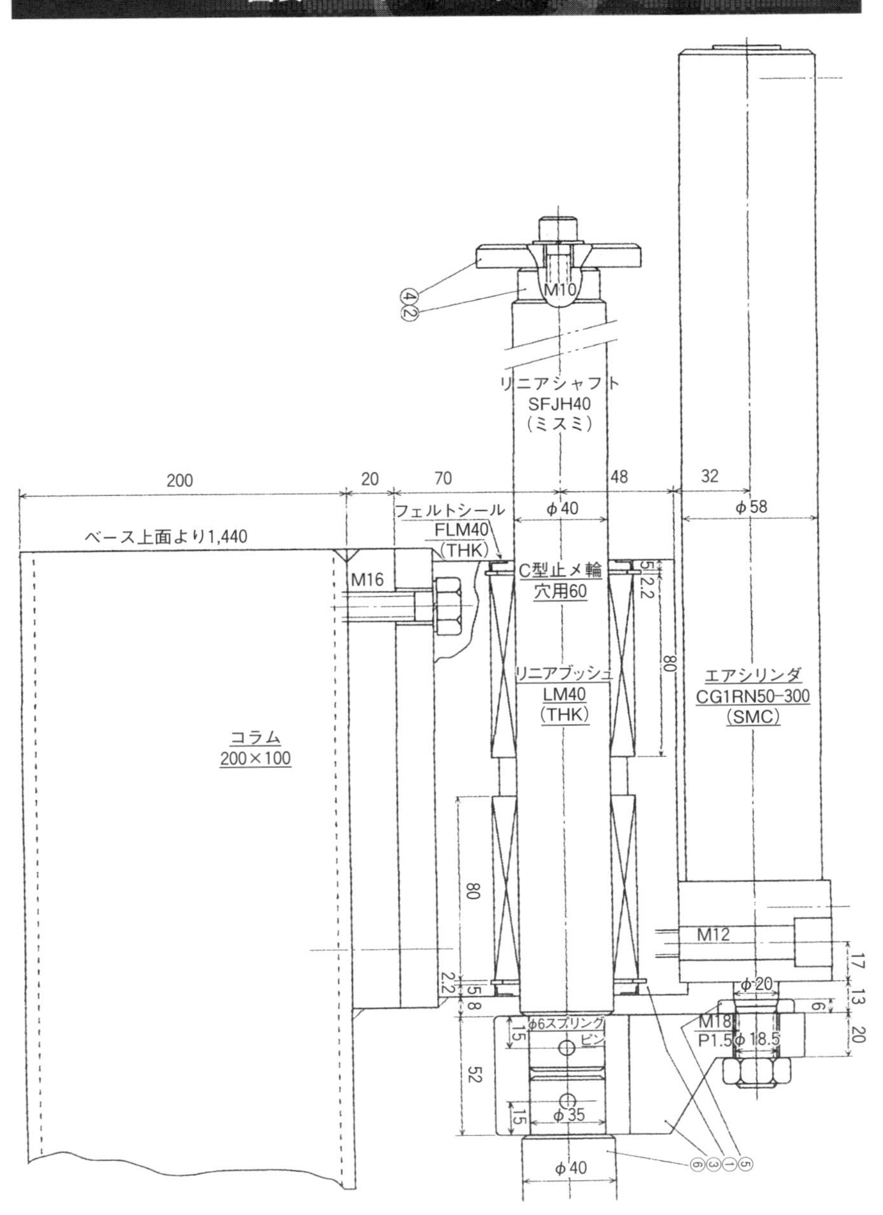

図表8.5　トーチ保持ユニット

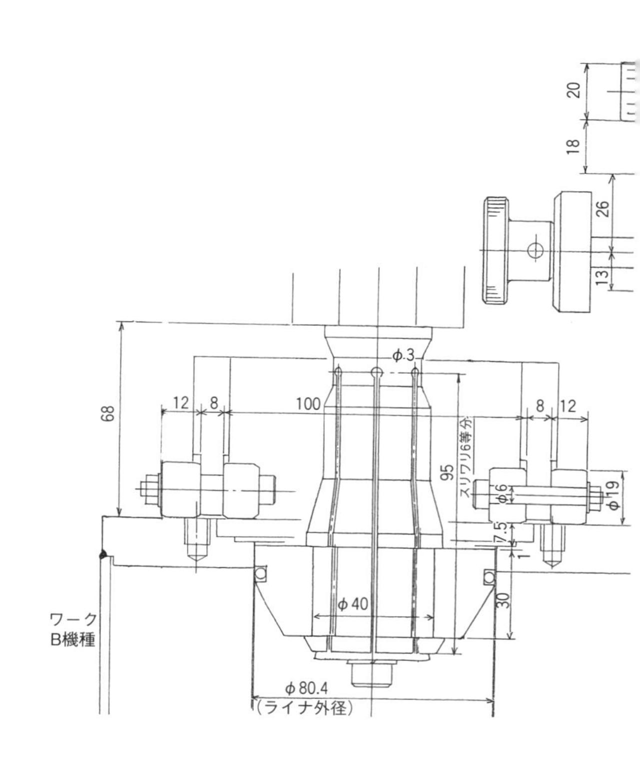

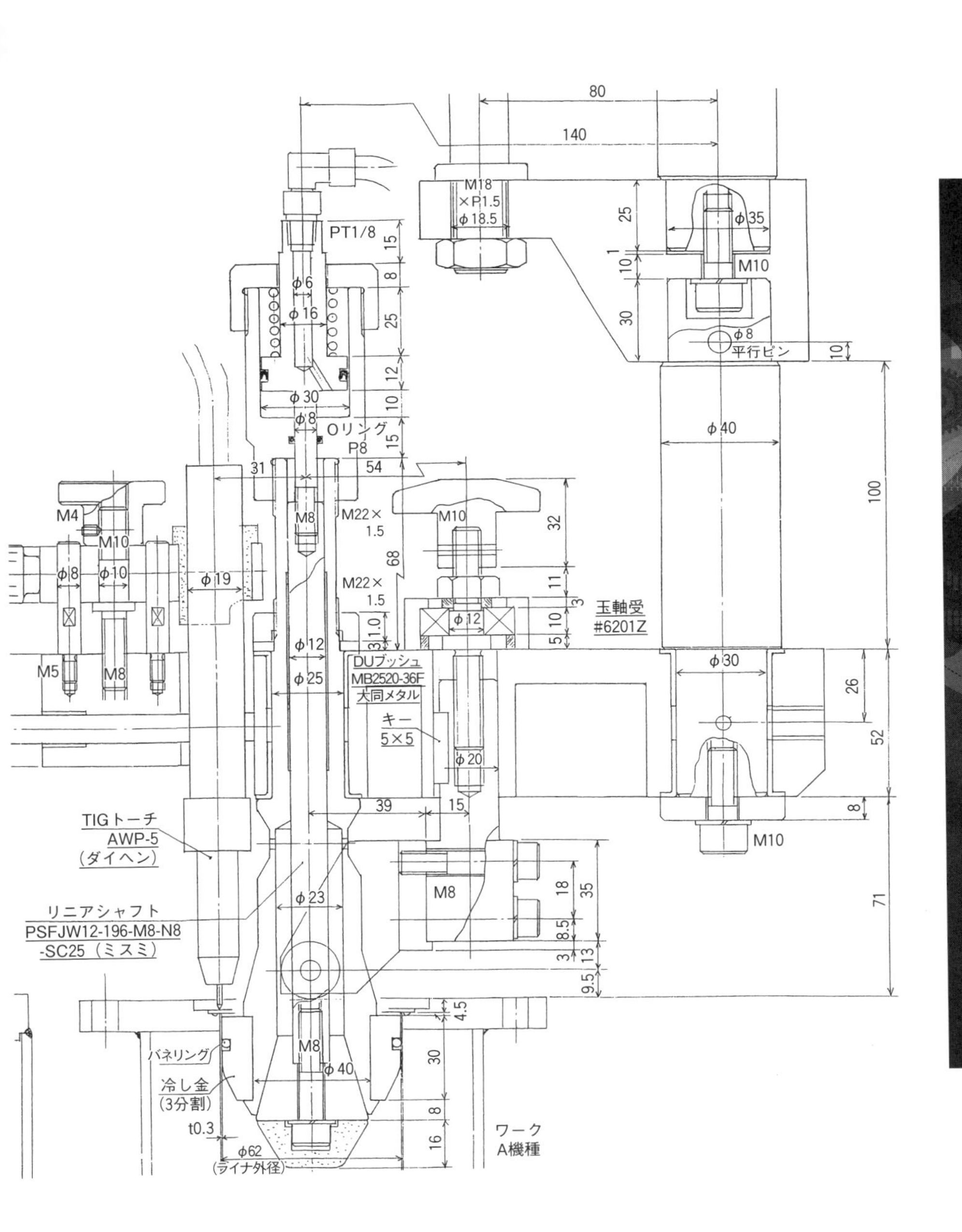
80
140
M18
×P1.5
φ18.5
25
φ35
1
10
M10
30
φ8
平行ピン
10
PT1/8
15
8
φ6
φ16
25
12
φ30
10
φ8
Oリング
P8
15
31
54
φ40
100
M4
M10
φ8
φ10
φ19
M8
M22×
1.5
68
M10
32
11
M22×
1.5
3
10
5
φ12
玉軸受
#6201Z
31.0
φ12
φ25
DUブッシュ
MB2520-36F
大同メタル
キー
5×5
φ30
26
52
M5
M8
φ20
39
15
8
M10
TIGトーチ
AWP-5
（ダイヘン）
M8
18
35
8.5
71
リニアシャフト
PSFJW12-196-M8-N8
-SC25（ミスミ）
φ23
3
13
9.5
4.5
バネリング
M8
φ40
30
冷し金
(3分割)
8
t0.3
16
ワーク
A機種
φ62
(ライナ外径)

を撤去し、M16の取り付けボルトを利用して、トーチ上下ユニットを取り付けます。

トーチ上下ユニットは**図表8.4**に示すように、リニアブッシュでリニアシャフトをガイドしてエアシリンダで上昇下降する構造とします。

トーチ保持ユニットは、第２章で系統図法による構想を展開して、トーチの回転中心をワークの中心と一致させる機構を考案しました（P52参照）。その結果を具体化した計画図はP54にまとめました。

トーチユニットの組立図

この計画図に対してさらに検討を加えて、組立図を作成しました（**図表8.5**）。

計画図を検討して修正した点は、次の通りです。

①円すいコーンを引き上げる機構：カムレバーをエアシリンダに変更しました。
②冷し金の切り替え：コレット部は冷し金を軸部にロウ付けした一体型であったため、１品種しか溶接できません。そこで、冷し金を３等分してばねリングで

四方山話　職業と適性

若者が就職を希望するとき、「あなたの適職は何ですか」と聞かれます。職業の適性といっても自分ではつかめないもので、他人が聞いてもますますわからなくなります。自分は何に向いているのかという発想をすると、根本的な答を求めて自分探しの旅に出たり、フリータになって中年を迎えるということになりかねません。

世の中にこれこれの仕事があり、そのうち自分はこれを選んで努力してみる、という発想をしないと適職にはめぐり会えないのではないでしょうか。

この本の読者であれば、物を作ってみたいという好奇心があればそれも一つの動機であり、努力していけば必ずひとかどの設計者になれるはずです。

図表8.6　コレット部詳細

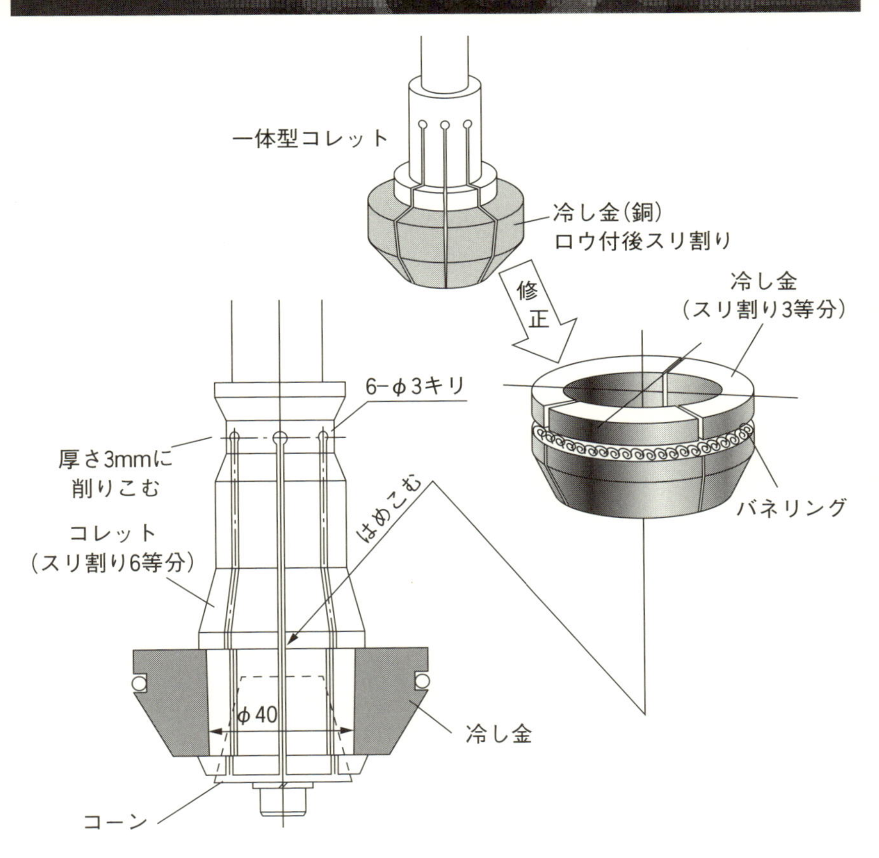

抑える方式とし、冷し金を差し替えて段取替えできるようにしました（**図表8.6**）。

③コレット部の改良：コレット部はコーンの引き上げにより拡張しますが、すり割り部が固かったので、厚さ3mmに削り込み、開きやすくしました。この部分は繰り返し曲げでの疲労が懸念されましたが、変形量が小さいため、長期間使用しても問題になりませんでした。

制御部の改造

制御装置は次のように一部を改造して使用します。回転テーブルはON−OFFスイッチのみでしたが、１回転して自動停止したあとに、逆転して原位置に復帰するようにリミットスイッチを追加しました。１回転後の停止位置は**図表8.7**のように360°よりわずかにオーバーラップさせて、アークスタートのばらつきによるビード欠陥を防止します。

図表8.7　ビードのオーバーラップ

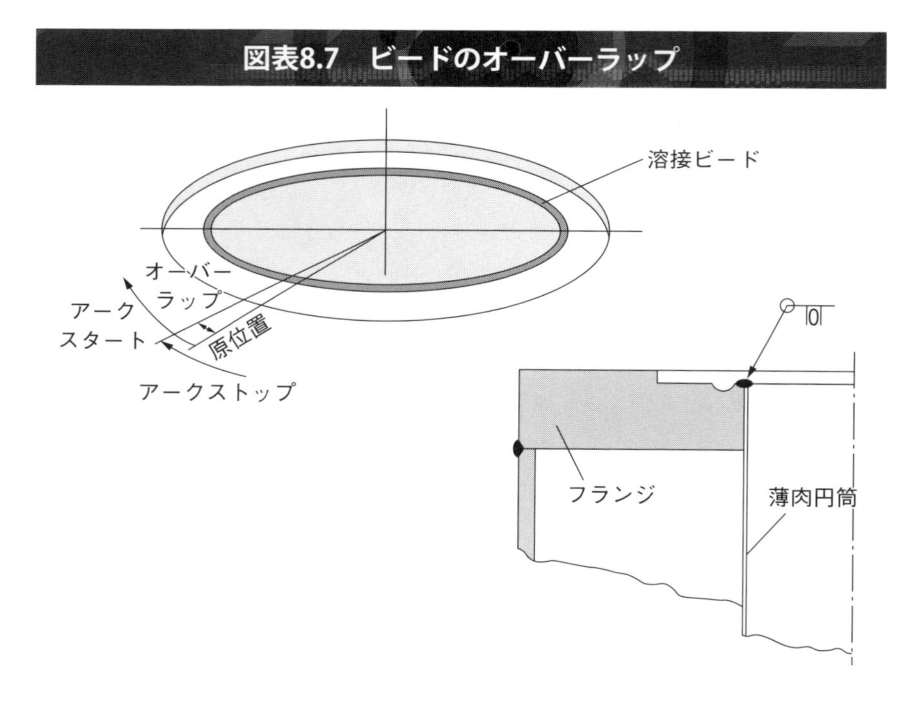

２個のエアシリンダは空圧電磁弁で切り替え、全体はプログラマブル・コントローラによる自動シーケンス回路により制御するよう改造しました。

名人芸を単純作業に

改造後の工程分析図は、**図表8.8**のようになります。作業者がワークを回転テ

図表8.8 改造後の溶接作業

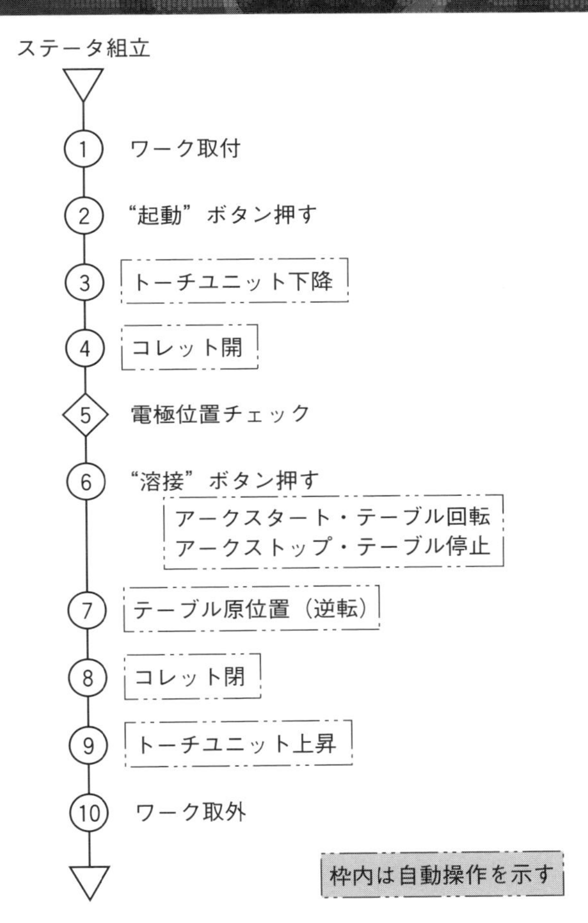

ーブルに載せて「起動」ボタンを押すと、トーチ保持ユニットが下降します。そこで電極位置をチェックして「溶接」ボタンを押すと、自動溶接が開始されます。全周溶接が完了すると回転テーブルが原位置に戻り、トーチ保持ユニットが上昇します。

熟練工にしかできない精密な溶接工程が、取り付け・取り外しだけの単純作業になりました。

四方山話　生産性を上げるには

為替レートのおかげで、日本人は世界でトップクラスの高給取りになってしまいました。高いといわれる人件費で海外と勝負するためには、機械の自動加工中は寝ていてもよいというわけにはいきません。1歩1秒1円ですから、歩きやもの探しをなくす整理・整頓を心がけ、欠品がないように部品を確保しなければなりません。

業種にもよりますが、1分という時間はかなりのことができる時間です。チエを出せば、作業者は取り付け・起動−取り外しのみで、前後の工程も自動加工中に段取りができます。このように人を遊ばせず、熟練工でなくてもチエを出して作業を簡易化することにより多工程を持てるようにすることが、人件費の安い外国に勝つ道です。

練習問題

コレットのすり割りは溝端がきり穴になっています。一般の工具のようで飾りにしては手が込んでいますが、なぜ溝端を円にするのでしょうか。

→答は、5−2節「角すみ部の処理」（P159）参照。

8-2 コンベア旋回台の設計

ここで取り上げる設計例は、ローラコンベアの方向を90°転換する旋回台ですが、機械の一部を構成する旋回ユニットとしてその組立図をみましょう。

旋回ユニットの概要

この旋回台は、**図表8.9**のように機械で加工するために入ったワークをローラコンベア上で90°方向転換して取込み加工終了したワークを再び90°戻して出すコンベアです。回転精度は厳しくないので、減速機・ブレーキ付きモータを正転逆転させてリミットスイッチで90°を検出し、ブレーキを作動させる方式としました。

図表8.9　旋回台

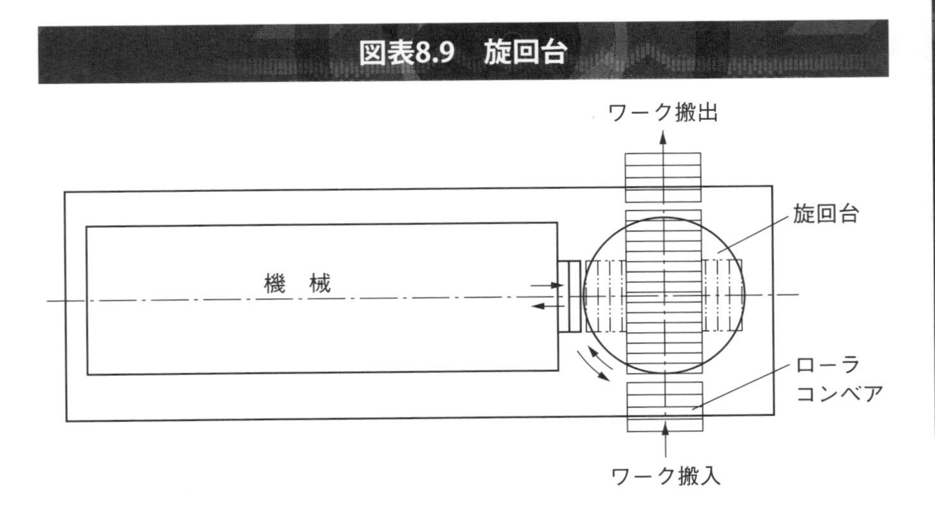

組立図の説明

図表8.10をみると、主な機械要素がどのように使われるかがよくわかります。軸の継ぎ方、軸受のおさめ方、シールハウジングの取り付け方などが、第４章「組立図と機械要素」で説明したとおりに書いてあります。

組立図ですから、部品間の関係寸法のみを必要最小限に記入し、製作に必要にして十分な寸法を入れるのは部品にばらした部品図です。

左の軸から減速モータの回転がかさ歯車に伝えられ、縦型の旋回軸を90°回転させます。設計のポイントは次のようになります。

①旋回軸：円すいころ軸受を対向して配置してガタをなくし、ベアリングナットAN12の締め付けにより自動的に心が出るようになっています。（自動調心性）
②旋回ハウジング：本体フレームやギアボックスとインローで組み合わされ、心が一致するようになっています。
③ギアボックス：軸受とかさ歯車の関係位置を確保するためにカラーとスリーブをかませてあります。左の軸受は軸肩で止まり、カラー、かさ歯車、スリーブを介して右の軸受とともにベアリングナットAN05で締め付けられています。

練習問題

①この組立図で左の軸受は内輪・外輪とも固定ですが、右の軸受はハウジングに肩がありません。なぜ肩のない貫通穴にしてあるのですか。

→答は４－２節の「自由側と固定側」（P102）参照。

②このギアボックス内の軸受や歯車はどのような順序で組み立てますか。

部品図の作成例

旋回ユニットの構成部品のうち、ギアボックスの部品図を次ページの**図表8.11**

図表8.10　旋回ユニット計画図

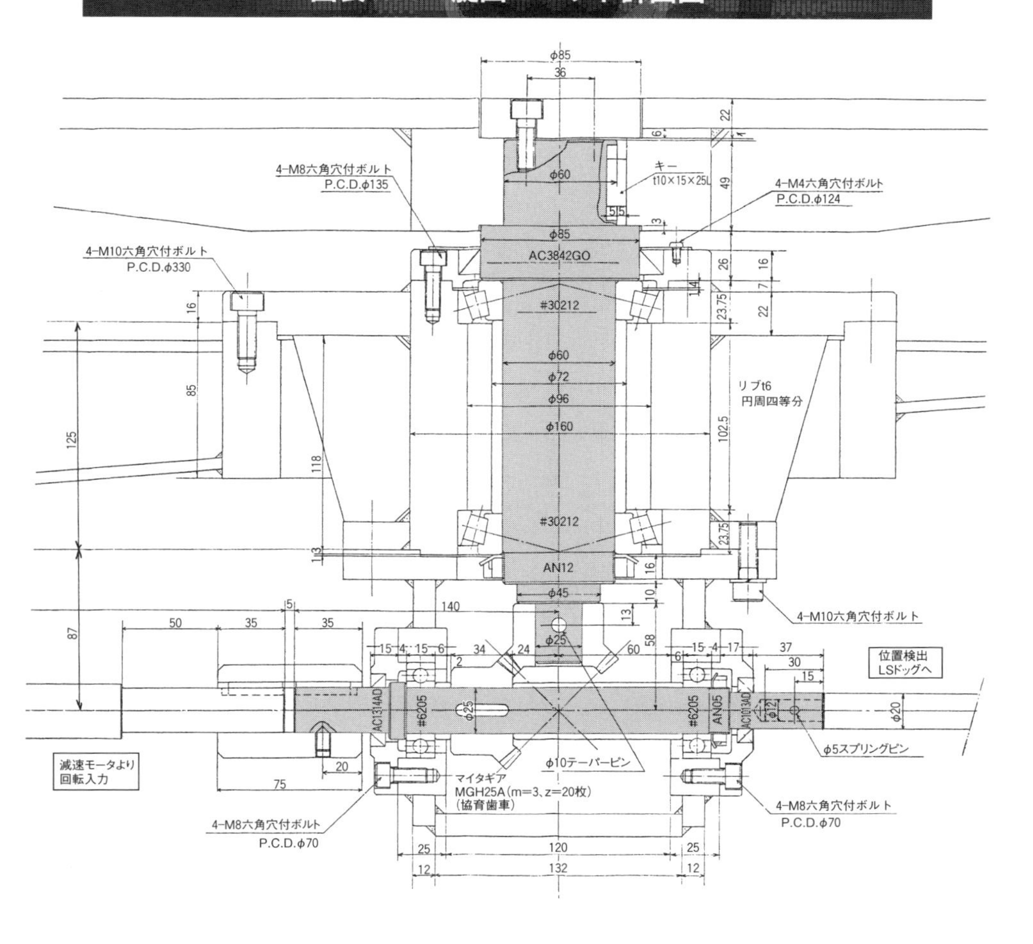

に示します。設計のポイントは次の通りです。

①機械加工で基準面を下にして取り付けるため、天地を逆に書いています。

②溶接はすべてすみ肉溶接を指示し、「脚長6mm」、「溶接後ひずみ取り焼鈍のこと」と注記してあります。

③溶接部材は素材寸法をすべてリストアップして、材料取りを速く正しくできるようにします。

④他部品と組み合わせる面は仕上げ記号を入れ、組み合わせない面は加工しない

図表8.11　ギアボックス部品図

（素材リスト）

①鋼板 t19×230×230　1枚
②〃　t12×133×128　2枚
③〃　t12×133×144　2枚
④〃　t12×132×116　1枚
⑤丸棒 φ100×27L　2枚

＜注1＞指示なき溶接脚長は6mmとする。
＜注2＞溶接後歪取焼鈍のこと。

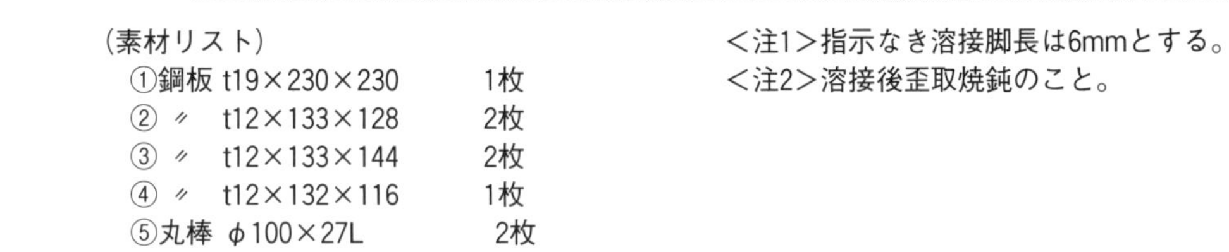

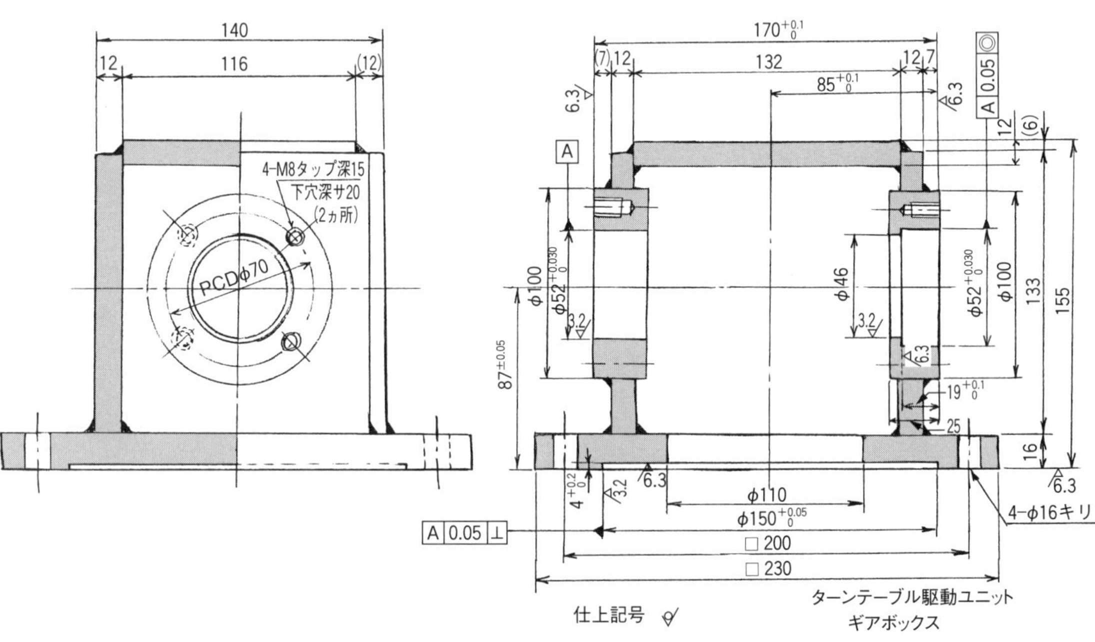

ので、表題欄の仕上げ記号は“除去加工なし”を入れています。

⑤水平軸の心を出すために右のインロウ加工は円筒基準面Aに対する同心度、垂直軸の直角度を出すためにAに対する直角度を指示しています。

8-3 部品洗浄機の設計

自動車のクランクシャフト加工では、最終工程で高圧水を噴射して洗浄します（図表8.12）。この自動洗浄機について、その部分組立図を見てみましょう。なお、この洗浄機は１－２節の機械の仕様例であげた仕様で（P10参照）、３－１節の構想図の分割で全体図を示した機械です（P57参照）。

図表8.12　クランクシャフト

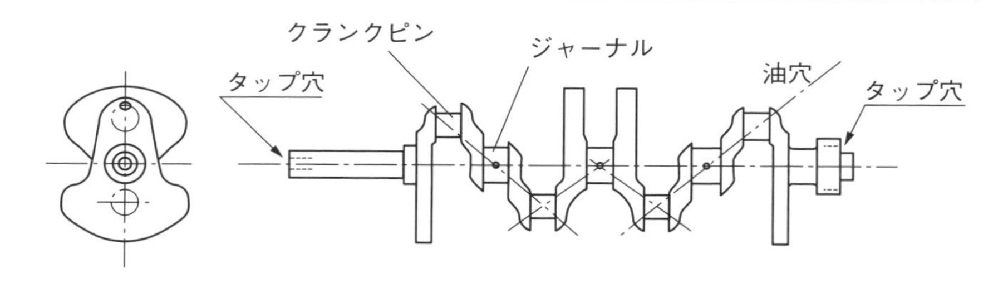

洗浄機の概要

自動車のエンジン組立工場のクランクシャフト加工ラインでは、ダクタイル鋳鉄の素材のクランクピン部・ジャーナル部を旋削・研磨し、油穴をきり穴加工するトランスファーマシンがあります。最終工程で5MPaの高圧水をノズルから噴射して、ワークに付着した切粉や砥粒、切削油・研削液などを洗浄します。

第３ステーションはエアブローして乾燥しますが、油膜がないとすぐに錆びますので洗浄水に防錆剤が添加してあります。

四方山話 **高水圧によるバリ取り**

クランクシャフトの斜め穴、タップ穴はすべて高圧水噴射により機械加工のかえり・バリが除去されるので、潤滑オイル中に剥離して混入することがありません。

以前は新車の500km走行で全量オイル交換していましたが、これは最終洗浄工程をユーザにお願いしていたわけです。ウォータジェットによるバリ取り技術によって、初回のオイル交換は不要になったのです。

ワーク移送ユニットの動作

ここでは全体構想図を分割したユニットのうち、ワーク移送ユニットについて考えることにします。

洗浄機の左からワーク受ユニットに載せられたワークはワークハンドリングユニットでつかまれ、ワーク移送ユニットで90°向きを変えてリフト＆キャリ・トランスファーコンベアに移載されます（**図表8.13**）。

部分組立図の説明

図表8.14はワーク移送ユニットの部分組立図です。

旋回シャフトに旋回アームが取り付けられ、併置された上下シリンダに駆動されて昇降します。組み込まれたピニオンはラックとかみ合い、油圧シリンダ（図にあらわれていない）の前進後退を90°の旋回運動に変換します。設計のポイントは次のとおりです。

①旋回アーム：長めの砲金ブッシュで受けて、シリンダの突上げでせらないようにしています。オイルはチューブ配管から間欠的に強制潤滑されます。
②ピニオン：回転を与える旋回シャフトが上下動するため、すべりキーを取り付けます。旋回シャフトには長いキー溝が切られています。
③スラスト軸受：ワーク重量や自重、上下駆動力を受けるスラスト軸受は連結ア

図表8.13　ワーク移送の説明

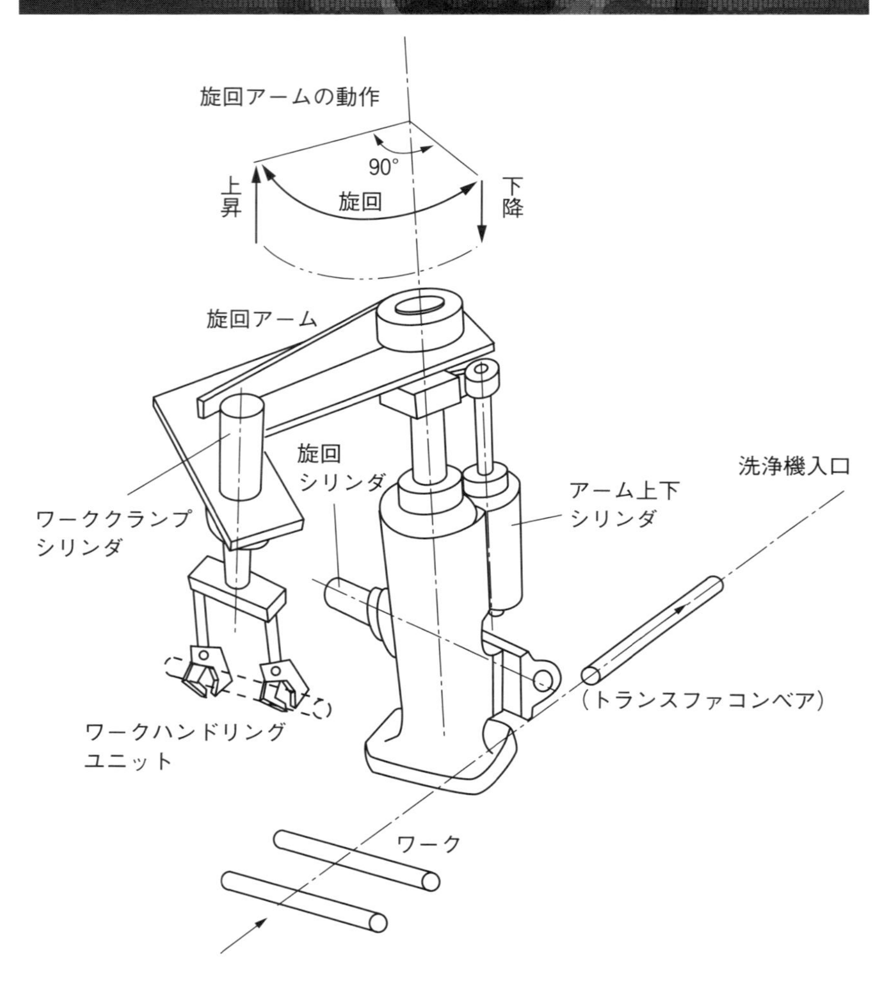

ームが旋回しないので上面下面にダブルで組み込んでいます。２つの軸受の間には中心保持のために巻きブッシュを装着しています。下のスラスト軸受は軸肩で受け、間座・旋回アームを介してベアリングナットで締め上げています。

④油圧シリンダ：曲げモーメントを小さくするために近接して取り付け、自在な設計ができるように市販品を使用せず、特殊品を設計しました。しかし、Oリン

グやスクレーパは標準品を使えるように、ピストン径やロッド径は標準寸法とします。
⑤ストッパ：マニュプレータが下降端の正確な位置でクランプ・アンクランプするために、ピストンロッドの下面にネジ調整式ストッパを突き当てます。ネジは細目ネジで、組立調整して適正位置を決めたらロックナットを締め付けます。ストッパの先端は部分焼入れとし、ピストンの突き当て部（S45C）も軽く焼入れして（硬度HRB25程度）、繰り返し突き当てによるヘタリを防止します
⑥連結アーム：シリンダの突き上げ力で変形しないようにリブを入れ、剛性を高くしています。
⑦アームの上昇下降端検出センサ：連結アームにブラケットを取り付け、リミットスイッチのドッグを取り付けます。

練習問題

①砲金ブッシュにはφ3のキリ穴が貫通しています。この穴は何のためですか。

→答：密閉空間が容積変化するための均圧孔。

②旋回シャフト下端には防塵と危険防止のカバーが取り付けてあります。スペーサは六角穴付きボルトで取り付けていますが、カバーは別の六角ボルトで取り付けています。同じピッチ径なのに、どうして一緒に締め付けないのでしょうか。

→答は、4－3節のP110の図参照。

図表8.14 ワーク移送ユニット

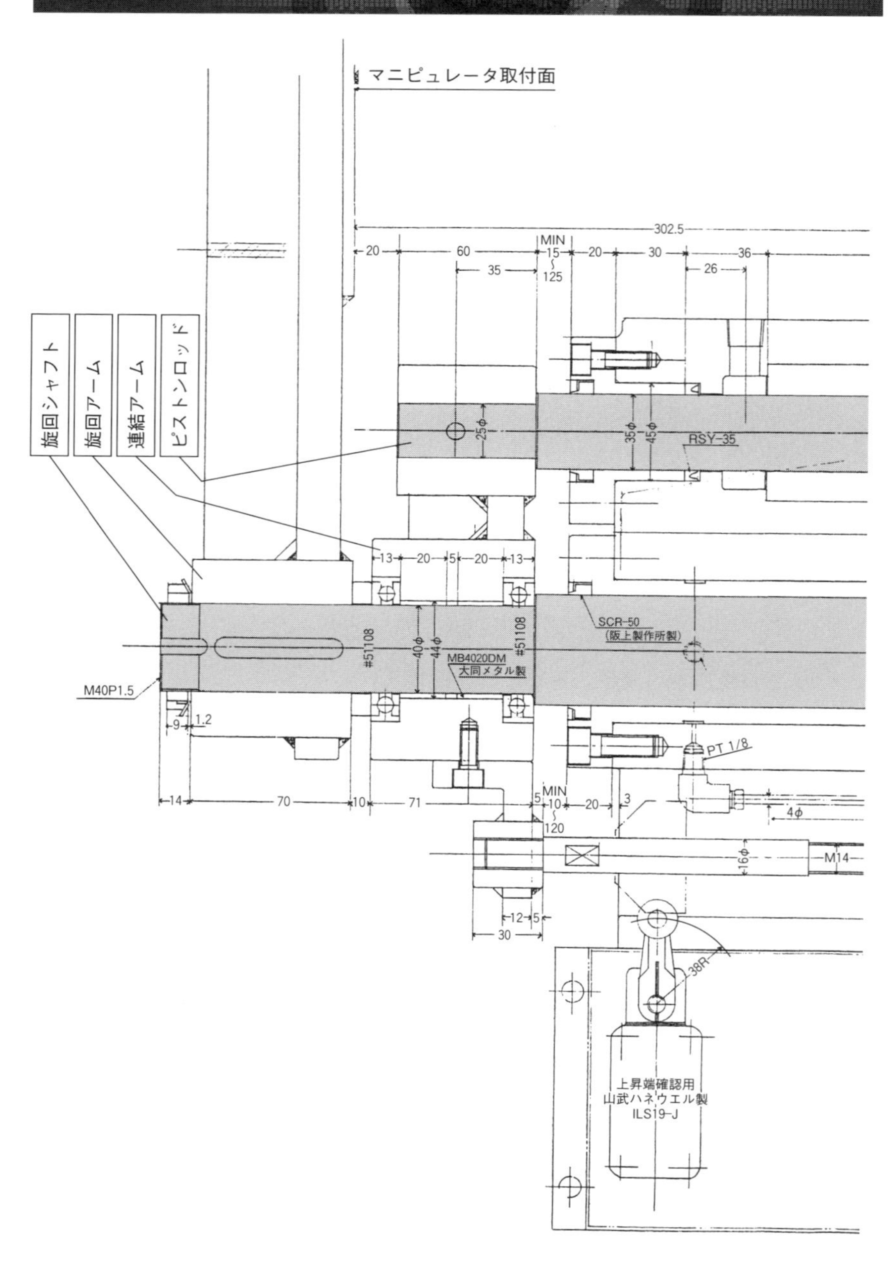

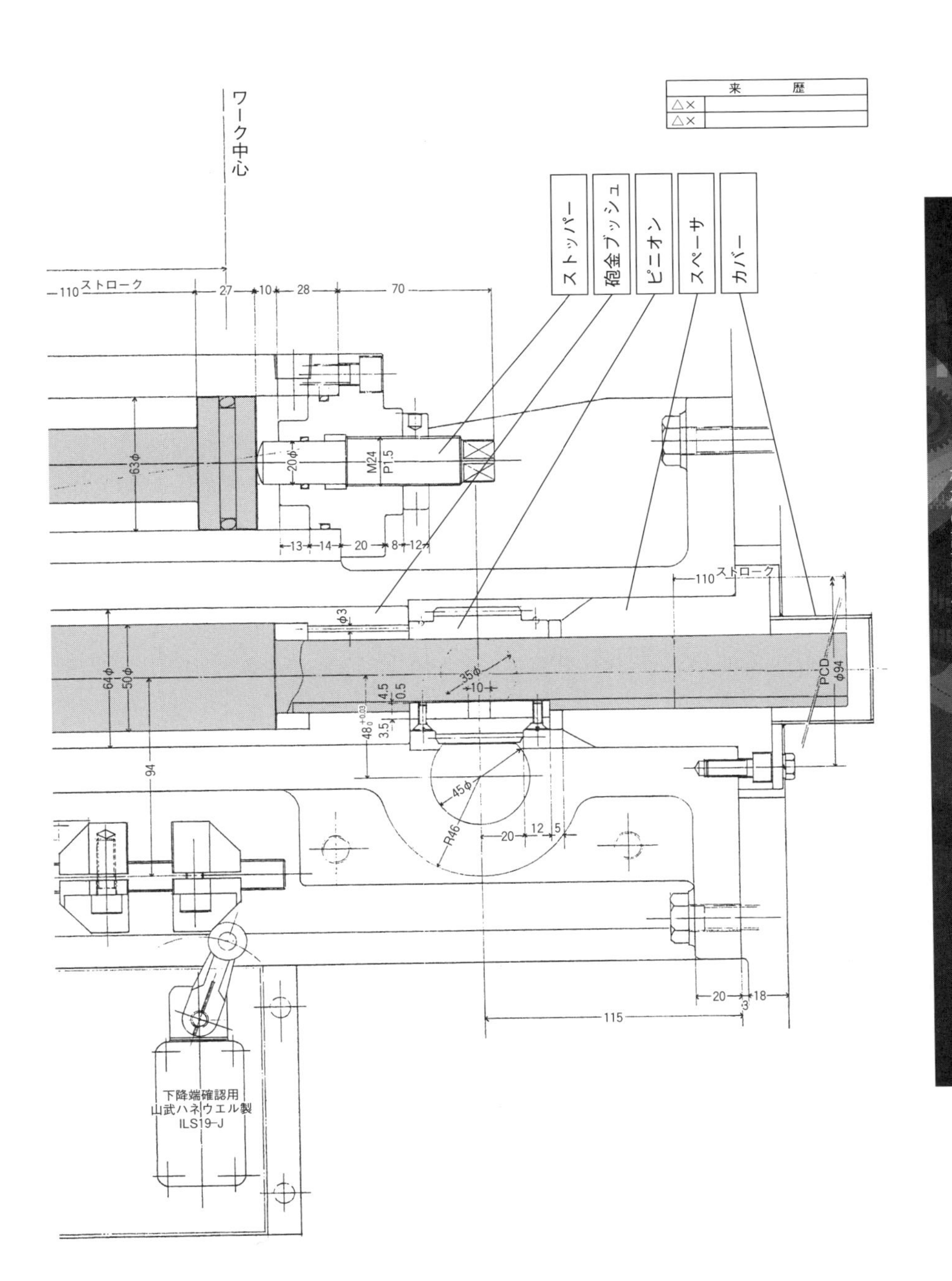

来　歴
△×
△×
ワーク中心
ストッパー
砲金ブッシュ
ピニオン
スペーサ
カバー
110 ストローク
27
10
28
70
63φ
20φ
M24
P1.5
13
14
20
8
12
110 ストローク
φ3
64φ
50φ
35φ
10
4.5
0.5
$48^{+0.03}_{0}$
3.5
PCD
φ94
94
45φ
R46
20
12
5
20
18
3
115
下降端確認用
山武ハネウエル製
ILS19-J

索引

【あ行】

【か行】

【さ行】

【た行】

【な行】

【は行】

【ま行】

【や行】

【ら行】

【わ行】

【欧数】

著者紹介

渡辺　康博（わたなべ　やすひろ）

昭和41年３月富山大学工学部機械工学科卒業。昭和41年４月日立プラント建設(株)入社。化学プラントの建設設計、施工業務を担当。昭和46年12月スギノマシン(株)入社。各種専用機の設計業務を担当。昭和54年２月日機装(株)入社。特殊ポンプの設計、生産ラインの改善業務を担当。平成10年３月技術士（経営工学部門）登録。著書に「基礎から学ぶ実用機械の設計手ほどき帖」日刊工業新聞社、「現場で役立つ 機械設計の実務と心得」秀和システム、「基礎から学ぶ実用機械の設計」オーム社などがある。

図解　機械設計手ほどき帖　**NDC 531**

2017年4月28日　初版1刷発行　（定価は、カバーに表示してあります）

©著　者　渡　辺　康　博
発行者　井　水　治　博
発行所　日刊工業新聞社
〒103-8548　東京都中央区日本橋小網町14-1
電話　編集部　03（5644）7490
販売部　03（5644）7410
FAX　03（5644）7400
振替口座　00190-2-186076
URL　http://pub.nikkan.co.jp/
e-mail　info@media.nikkan.co.jp

印刷・製本　美研プリンティング㈱

2017 Printed in Japan　落丁・乱丁本はお取り替えいたします。
ISBN 978-4-526-07704-3